都市交通の躍進を考える

2層立体化の秘策

原 周作 著

技報堂出版

序

　新しい21世紀へと移行してはや数年が経過したが，現在の我々に輝かしい文明生活をもたらしてくれたのは，20世紀における科学技術の躍進とそれによる生産力の飛躍的向上であり，目をみはるものがあった。

　ところがこのような成果にもかかわらず，人類社会には文明がもたらす陰のような問題が次々と湧きあがってきて，我々を悩ませる結果ともなってきている。

　都市における"交通問題"もその一つであり，我々は見過ごすことのできない差し迫った問題として解決を迫られている。すなわち，"交通渋滞""交通事故""通勤地獄""平面過密交通による環境悪化"等々がそれであるが，我々はこれらの問題に対し，文明を享受するためのどうすることもできない代価と見なして，今や諦めの境地に陥っているのではないだろうか。

　ところがよくよく注意して交通の現状を見ると，19世紀から20世紀初頭にかけての文明開花の時代そのままの姿が，最も基本的なところで進歩や改善されることなしに，現在も堂々と温存されている，という驚くべき現実がいくつも存在する。

　本書に述べた4編の交通にかかわる提言は，まさにそのことについての注意を喚起するものであり，21世紀における交通改善対策の"叩き台"に供していただければ幸いである。

2003年7月

　　　　　　　　　　　　　　　　　　　　　　　原　　周作

目次

第1章
平地幹線街路の近代化

1──都市における自動車の役割と大量増加 2
2──信号制御に苦悩する平面幹線街路の現状 5
3──車専用の高架の高速道路が抱く効用と問題点 14
4──立体交差化の事例とその問題点 18
5──幹線の平面交差は事故を招く最悪の構図 33
6──反転跨道橋の補佐で完全な立体交差化を実現 43
7──歩行者の歩行能率向上と安全確保 54
8──幹線街路のノンストップ走行で高機能都市へ 56
9──高機能街路の効果的利用は街全体を眺めた活用で 70
10──反転機能を使わない超大型車の臨時走行経路 73
11──反転跨道橋だけによる完全な立体交差方法 80
12──渋滞の元凶，多枝交差点の信号制御を解消 85
13──21世紀の新都市への脱皮 90

第2章
歩行者交通の復権へ

1──車社会の到来で追い詰められた歩行者交通 96
2──2階を表通り歩道とする街並への移行 100
3──2階式立体歩道街を実現したい場所とは 106
4──車椅子の階段昇降手段の統一規格化 112

第3章
都市圏鉄道の輸送力倍増と高速化

1——ラッシュアワーでの通勤地獄の現状 *124*
2——平地鉄道敷地が地元市街地に及ぼす悪影響 *127*
3——従来の高架化工事の手順と用地取得のむだ *131*
4——平地複線の高架化のメリットと問題点 *135*
5——複線鉄道が望む高速化と大量輸送へのネック *137*
6——2層高架の複々線化で輸送量と高速性に飛躍を *140*
7——2層高架の複々線化へのモデルケース *147*
8——1線先行高架化工事の跡地を活した3線化 *153*

第4章
大深度地下鉄道の輸送力向上の切り札

1——大都市の地下鉄道は文明の象徴 *158*
2——地下鉄工事技術の発展 *162*
3——従来型地下鉄の輸送力増強の限界 *175*
4——2層化すれば同じ断面で輸送力が倍増 *178*
5——首都東京に巨大車両の地下鉄で環状幹線を *183*
6——関西圏2空港連絡の必要性と問題点 *187*
7——シールドトンネル1本でできる複々線の地下鉄 *194*
8——なにわ筋地下を活用する空港アクセス特急 *198*

おわりに *213*

参考文献 *227*

都市交通の躍進を考える

2層立体化の秘策

第1章

平地幹線街路の近代化

1——都市における自動車の役割と大量増加, *2*
2——信号制御に苦悩する平面幹線街路の現状, *5*
3——車専用の高架の高速道路が抱く効用と問題点, *14*
4——立体交差化の事例とその問題点, *18*
5——幹線の平面交差は事故を招く最悪の構図, *33*
6——反転跨道橋の補佐で完全な立体交差化を実現, *43*
7——歩行者の歩行能率向上と安全確保, *54*
8——幹線街路のノンストップ走行で高機能都市へ, *56*
9——高機能街路の効果的利用は街全体を眺めた活用で, *70*
10——反転機能を使わない超大型車の臨時走行経路, *73*
11——反転跨道橋だけによる完全な立体交差方法, *80*
12——渋滞の元凶, 多枝交差点の信号制御を解消, *85*
13——21世紀の新都市への脱皮, *90*

1節 都市における自動車の役割と大量増加

　我々が享受している文明において，自動車が果たしてきた役割は大きくて，車なしの生活は到底考えられなくなった。しかし今や，その車の通り道となる道路の供給が車の増加に追いつかず，都市およびその周辺の街路で著しい渋滞を招いて，都市機能を麻痺させるばかりか，交通事故をも多発せしめて，"文明のアキレス腱"ともなっている。

　すなわち大都市には，高層ビルが立ち並んで職場や住居は見事に立体化を果たしているし，通信手段は地球全体をくまなく覆うばかりか，太陽系辺縁の空間にまで及んでいる。そしてまた輸送機械としての自動車の性能とその供給は飛躍的に向上して，車を活用する個々の我々にとっても，その機能はもちろんのこと経済的にも，望み得る要件のほとんどがほぼ満足できるレベルにまで至っている。

　一方，公共交通機関の輸送としては，鉄道も新幹線からリニアモーターカーに至るまでその発展はめざましく，飛行して早く遠くまで移動することのためには，1903年にライト兄弟の奮闘により登場した航空機は，みるみるうちに世界の大空を征した。また，先端技術を帯したロケット機は，乗り物として人類を月世界にまで運び込んだし，完全に自動操縦化された輸送機として，人間に代わる自動観測探査機を，太陽系のほとんどの惑星にまで到達させている。

　このように輸送の機械的手段はほぼ満足すべき境地に達しているものの，個々の車を走行させる道路については，平地の幹線街路が交わる交差点の形状は，今もそのほとんどが，中世の馬車交通時代の平面交差のままであり，信号機をいかにハイテク化したり，街角

剪除や導流島や交通標識といった工夫をこらしても，平面交差である限りその交差点を通過し得る交通量は，そこに接続する双方の街路からの交通量の1/2ずつしか通すことができない．それは，双方の街路交通に対して交互に"ゴー，ストップ"を掛けることとなる"信号制御"がもたらす宿命的な限界である．

人や車が絶えまなく行き交う交通を"流れ"としてとらえて"交通流"と呼ぶ場合がある．"流れ"を考える場合，水の流れは最も把握しやすい例である．"川の水"と"上水道の水"は，物質的には同じ水ながら利用目的を異にするために，その流路が交差する場合には絶対に混合しない設備としてつくるのが普通である．そして主に上水側を，制御しやすいパイプ送水の閉水路とするとともに，川の開水路と交差する場所では水道橋やサイフォンを設けて，完全な立体交差の構成とする．エネルギー流路としての電力線も，当たり前のことながら，立体交差状の配線をしている．

人馬の往来が交通の主流であった中世の道路では，昇降の負荷や交通速度が今ほどには要望されず，立体交差化の必要性はなかった．けれども，1908年，T型フォード車が大量生産されて，今日の自動車全盛時代への幕が切って落とされた以降の，高性能な駆動力を擁する交通具が大量に供給された状況においては，その変化に真っ向から対応する道路構造が工学的に検討されなければならなかった．しかし，そのところについてはほとんど手がつけられずに，手っ取り早く交通制御をしやすい"信号機"の改良や増設にばかりに力がそそがれてきた．そしてモータリゼーションに最も効果的に対応をしたかに見える"高架の自動車専用高速道路"も，見方によると，平地道路のおびただしい信号制御からの車側の"逃避"とも考えられなくもない．また，最近流行のカーナビゲーションでも，人工衛星からの眺望を利用して道路情報を把握することが一つの主要な機能となっているが，これも個々の車の渋滞の回避が目的

である。

　幹線街路の至る所に存在するこのような平面交差の現実について，なぜ今まで誰もその矛盾に疑問を抱かず，なぜ改善のための研究や努力をしてこなかったのだろうか。大変に不思議な現象であり，輝ける現代文明社会におけるまれに見るミステリーといえる。このような平面交差点がいつまでも幹線街路の要所に据えおかれたままでは，車の生産と利用がますます増加すると考えられるこの先，交通渋滞や交通事故を大幅に抑えることはできない。

　ところが，本書で示す方法——相互に交差する幹線街路において，直進跨道橋に反転跨道橋を添えて補佐する——によると，信号制御を全廃した完全な立体交差を実現させることができるのである。

　その結果，信号を全廃し，直進車は高速のノンストップ走行で交差点を次々と通過していき，転進車もあらゆる方向へと信号制御を受けることなしに自由に走行していけるので，幹線街路の機能を著しく高めて交通渋滞を解消へと導くこととなる。

　そしてこの構成はまた，車相互はもちろんのこと，歩行者交通との間に生ずる交通事故をも劇的に少なくし得るものとなる。

　しかもこのような立体交差化は，既成の市街地の街路で往復6車線(4車線でも可能)程度の道幅があれば実現可能であるので，やっかいな立ち退き補償などをほとんど必要としないのである。

　以下，これらのことについて詳細に掘り下げて説明していくが，お断りしておきたいことは，本書では，都市計画や交通工学などの専門用語はできるだけ用いずに，平易な普通の言葉で説明し，誰もが理解しやすい図表や，どこにでもある見慣れた風景写真を用いたことである。また，本書では，左側通行を採用している日本国の場合について説明した。右側通行の外国に適用する場合には，左右を逆にして理解していただきたい。

2節 信号制御に苦悩する平面幹線街路の現状

　図1は，往復6車線の広い幹線街路が，相互に十字路状となって交差するどこにでも普通に見られる四枝交差点のモデルである。このような大きな平面交差点では，信号制御は必須の設備である。

　交差点の信号灯の色別点灯時間は，個々の交差点の実情に合わせてタイマーセットされているが，ここではおおよその平均的な点灯サイクルを示した。

　この図で，信号灯の色表示は，左下に1サイクル (現示) を円形図で示してある。円形は時計回りで，円の外周の波形は，そこを通過する車の量 (随意) である。そのかたわらの白抜き矢印は，交通

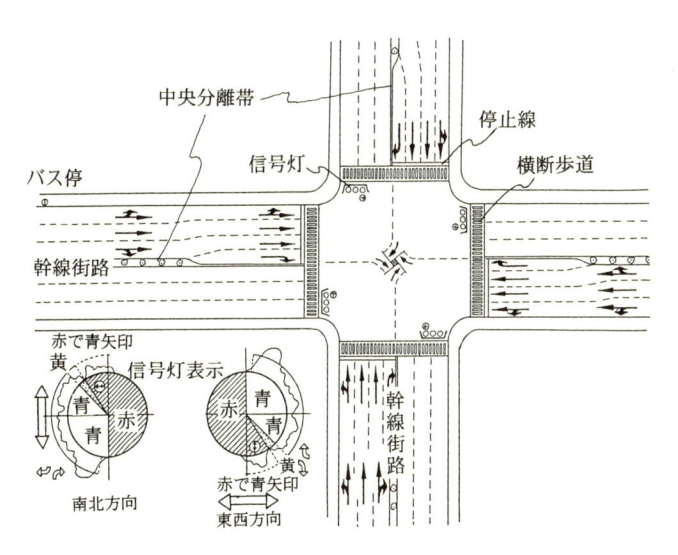

図1 平面交差の現状 (幹線街路どうしの十字路状交差)

の方向と，矢印の太さにより通過車量の多少を傾向として表現したものである。*1

　図1の，前後左右が均整な十字路状となる平面交差点ではその形状から，両方の幹線街路が擁する往復6車線を走行する車は，信号制御により交互に半分ずつしか通過できないことは明らかである。これは平面交差の宿命でもある。

　ところが現実には信号制御式交差点での走行は 1/2 よりもさらに厳しい。すなわち右折車をさばくための"黄色"や"赤で青矢印"信号などを表示して，短時間ながらさらに直進車をせき止めたままにしておく必要があるため，通過交通量がいっそう低下するのである。そして"赤信号"で停車させられていた車列が"青信号"に変わって動き出すときには，全車が同時に動き出すのではなくて，先頭車から順番にスタートしながら，走行に安全な車間距離を空けながら加速していくという非能率な動きとなるから，そこでは多くの車が無駄な時間と燃料を費やしている。これらの信号制御が，今の幹線街路に要求される現実であり，一定の高速走行性と大量の交通をさばかねばならない幹線にとっては足枷となり，渋滞を助長しているのである。

　しかしもしこの交差点が，信号なしにノンストップで高速走行できたならば，その交差点の通過は一瞬となり，次々と高速で大量の車の走行が可能となる。その結果，交差点の交通容量は著しく高まり，名実ともに便利で有用な理想の車社会がもたらされる。

　最近では，車専用の高速道路の渋滞解消の切り札として，高速ノンストップで走行しながら高速道路の使用料金を自動で決済できる，キャッシュレス ETC システムというものが実現されつつある。これは，車載の IC カード処理器と料金所アンテナ間を無線で通信

---

*1 この表現方法は，図1以外の図2，図3にも共通する。また，図9や，図25の立体鳥瞰図でも採用した。

して決済を行うものである。道路交通の渋滞解消がこういうハイテク技術に依存してまでも待望される趨勢にありながら，平面交差点のノンストップ走行を実現するための努力は，どうして忘れ去られているのか不思議である。

　都市のすべての平面交差点というのではなく，大動脈であるべき主要な幹線街路だけの問題であるのに……。

　写真1の(A)，(B)，(C)，の3枚は，このような二つの幹線街路が平面交差する信号機付き十字路の実際の現場（大阪市なにわ筋の西大橋交差点）であり，わが国はもちろん世界中の至る所に存在する普通の平面交差点である。

　まず写真1(A)では，色別灯の表示により"青色"信号である左右横方向幹線を直進車が通過する間は前後縦方向幹線の交通は"赤色"信号ですべて停車させられる。次の写真1(B)では，横方向幹線からの右折車のみが"黄色"か"赤で青矢印"信号によって右方向へ曲がる進行が認められるが，その間，縦と横の幹線の直進車はすべてストップして，右折しようとする車に道を譲る。さらに信号が写真1(C)の状態に変わると，縦方向幹線の直進車が"青色"信号によって動きだして加速進行し，その間は横方向幹線上の車は，"赤色"信号によりすべて停車して待機することになる。

　その後は写真としては省略してあるが，写真1(B)と同様に縦方向幹線から出る右折車の進行となる。しかしいずれの方向の幹線でも左折車に関しては，直進車の"青色"信号での前進時に，直進車列から分流するようにして左折の目的を達することからあまり問題とはならないが，直進車列が動いている時間帯に限られる。

　このように平面交差点では，交通の流れは断続的であり，信号機表示の1サイクルの間で，直進できる車は接続道路のそれぞれから1/2ずつであるが，さらに右折車の転進のためにも譲るとなると，幹線街路でおびただしい車が前へと直進走行できる時間帯は著しく

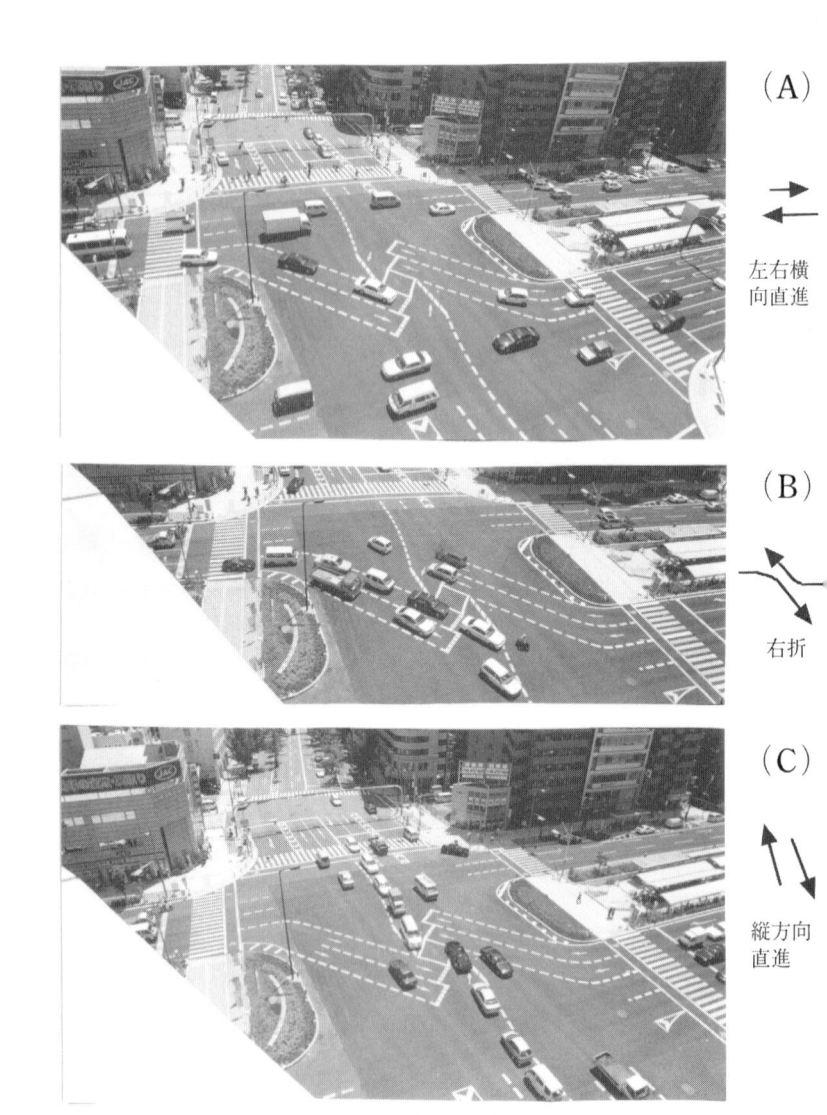

写真 1 二つの幹線街路による大きい平面交差点 (大阪市 西大橋)

(A) 左右横向直進

(B) 右折

(C) 縦方向直進

削減されることになる。このように平面で交差させる限りは、縦と横の幹線街路のそれぞれの道幅が保有する交通可能容量の半分以下でしか通過させることができない。すなわち高地価の都市圏において、立ち退き補償などの困難な障害を克服して、せっかく幹線街路を拡幅しても、いくつもの交差点が平面方式の構造である限りは、それに接続する双方街路の交通も半分以上に向上させることはできない。

一方、幹線街路に出入り口を有する細い側道からの横断交通に対しては大変に寛大であるといえる。側道と交差する地点の幹線街路上には、たいていは交通信号機が設置され、信号灯の点滅という容易な操作だけで交通制御ができる簡便さから、図2のように、大動脈である幹線交通の方は我慢を強られているのが実情である。すなわち、幹線を走行するたくさんの直進車に短時間ながらも"赤信号"で停車を強制するという不合理がまかり通っており、大量の車をすばやく通過させなければならない幹線は、その機能を十分に果たしているとはいえない。

しかし、幹線と平面で出会う限りは、側道から幹線を横断したり右左折しようとするわずかの交通も無視するわけにはいかない。安全かつ容易に幹線道路を横断することを望むのは、現代のモータリゼーション時代において、通過交通に対抗する街区住民の民主的な権利であり、政治や行政はそれに応えなければならない。

写真2に、そのような現実の一例として大阪市の主要幹線"なにわ筋"の場合を示す。沿道に設置されているおびただしい信号機が"赤"に変わると、直進車は一斉にせき止められて、側道からの人車が横断し終わるのを待たなければならない。

このような姿は、幹線街路としての機能が十分に果たせている状況とはとてもいえるものではないが、現在の大都市に広く見られるありふれた光景でもある。

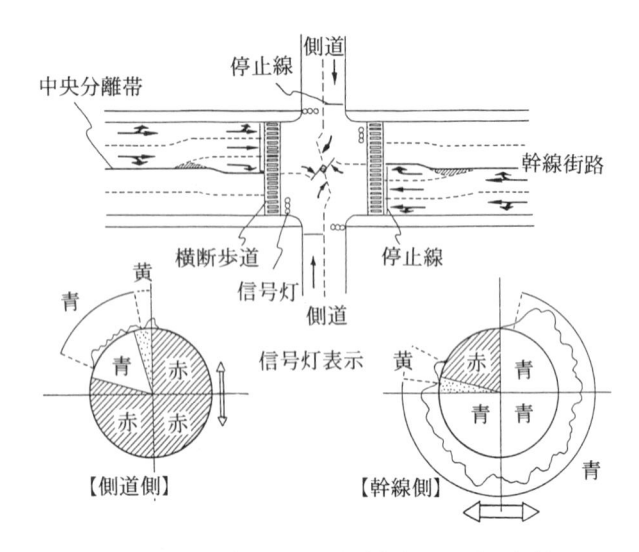

図 2 平面交差の現状 (幹線街路への側道の交差)

写真 2 幹線街路を横断する側道よりの交通 (大阪市なにわ筋)

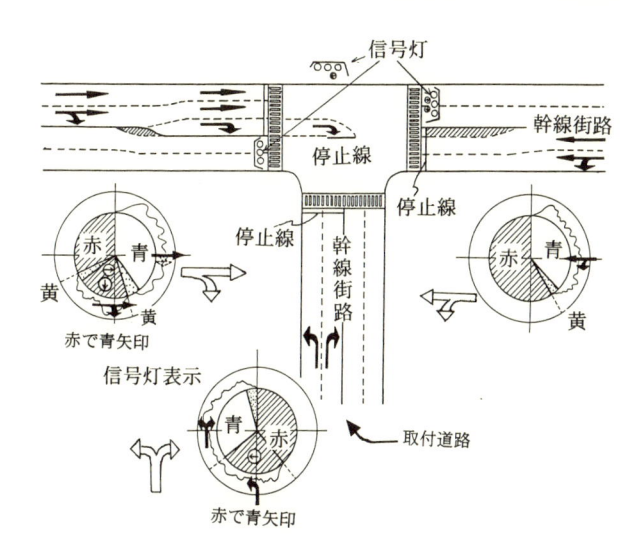

図3 平面交差の現状 (幹線街路の三叉路状交差)

さらに，図3は，幹線街路が三叉路状に交差してT字形やY字形を形成する交差点の現状であり，これもまた大変に多く存在するタイプの交差点である。

ところがこの三叉路の交通がやっかいである。ここでの信号制御を図3で説明すると，南の取付道路 (図では下方) から北進走行していく車が，右折する場合の "青信号時間" は，左右方向の直進状幹線の双方向の直進車線をすべて停車させて実行するが，これに1サイクルの時間帯の1/3を消費する。また，北進車が左折しようとする場合には，"青信号" のほかに，"赤信号ながら左向き青矢印" でも左折できるから，北進車で左折しようとする車の前進可能な時間帯は長い。

一方，東西方向の幹線から取付道路へと左折や右折で転進しようとする場合の信号制御は少し複雑である。

第2節　信号制御に苦悩する平面幹線街路の現状

右方向からきて取付道路へと左折しようとする車は，その車線が"青信号"で前進できる時間帯でのみ可能で，その時間帯は三叉路では 1/3 サイクルと短い。通常では左折しようとする車は走行中の直進車列から分流状に分かれて目的を達することができるけれども，直進車列が停止している状況からでは分流し左折することはできない。

　また，左右方向幹線の左方向からきた車が取付道路側へと右折しようとするときは，"赤信号で右向き青矢印"で対向車線をストップさせている間に右折を実行できる。そして左右方向幹線の左方向からきた直進車は，対向する相互の信号が"青"となる 1/3 サイクルの時間帯と，左方向からきて取付道路への右折する上記の 1/3 サイクルの時間帯との間は前進でき，直進可能時間帯は長い。しかし，いずれにしても三叉路では信号の一つのサイクルを 1/3 区切りずつでしか活用することができないので，1/2 サイクルを利用できる十字路 (四枝交差点) よりも，車交通のさばけ具合は劣ることとなる。

　そのため，幹線街路にこのように非効率な三叉路状交差点が存在すると，交通のロスはさらに増大して渋滞が助長される。写真 3 は，大阪府下の幹線街路としての外環状線における三叉路状交差点の実例である。外環状線である手前から奥への幹線街路と，これに右方向から取り付けられた往復 2 車線の主要街路とが三叉路を構成しており，右折と左折の走行状態だけを示した (直進の場合の写真は省略)。

　写真 3(a) は，外環状線の手前から右方の取付道路へ向かっての右折車の進行時で，取付道路からの左折も同時に実行されている状況を示したものであり，写真 3(b) は，取付道路からの右折車進行時であるが，左折も同時に実行されている状況を示す。

　なお外環状線における双方向が"青色"信号表示で直進走行の状

(a) 取付道路

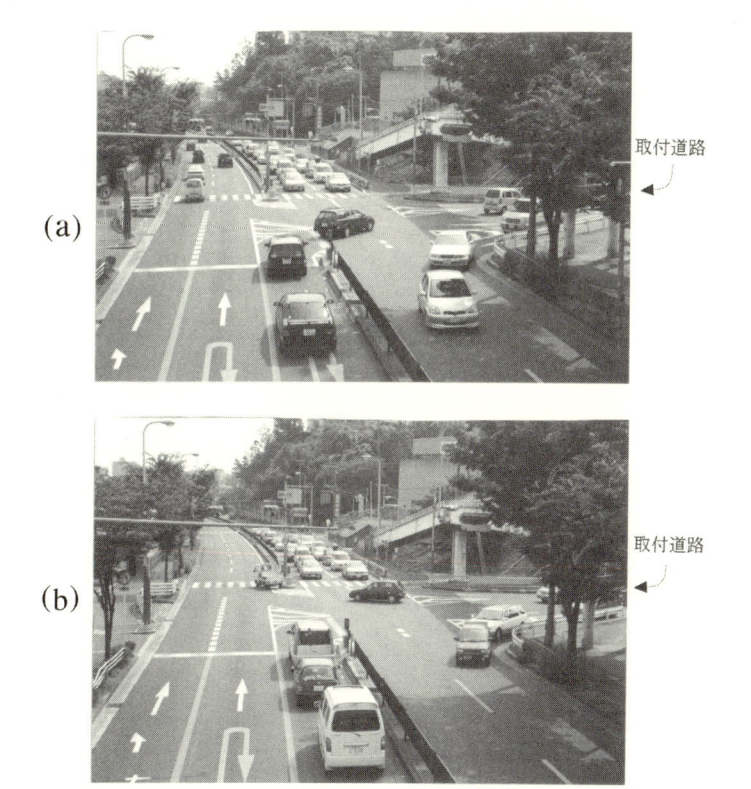

(b) 取付道路

写真3 幹線が三叉路状となる右折車と左折車の進行
(大阪外環状線の富美ケ丘南交差点)

態となる写真は省略してある。

　このように平面交差方式では，十字路でも三叉路でも直進車の交互通過のほかに，右折車をさばくための大きいロスタイムが付随する。

3節 車専用の高架の高速道路が抱く効用と問題点

　質，量ともに発展した車社会において，連続立体橋による高架の自動車専用の高速道路が開発され，都市における大量の車交通をさばくのに貢献していることは大変に評価されることである。この連続立体橋によって成り立つ高架の高速道路等は，車社会の発展と併行して建設工学側のレベルも著しく向上してきたことからして，生まれるべくして生まれた当然の交通施設でもある。

　そして車の数は，個人的な必要性に基づいて際限なく増え続ける傾向にあるので，高架の高速道路はその需要がますます高まり，高額な用地取得や建設費用にもかかわらずに次々とつくられてきた。しかし最近では都市内の高速道路は，高架の構造物が既成市街地の頭上をうねりながらよぎるため，都市景観のうえで大変目障りな存在となってきている。また，人々の中には優美な姿の近代初期の建造物を懐かしみ，それらがここかしこに残る街並景観を保存したいという要望も多く，そういう街並と連続高架橋とは至って不釣り合いであり，重苦しい印象を与えることは否定できない。

　高速自動車専用道路は，全線が高架となっていることから，沿道利用にストレートにつながることはできない。高架道を高速で走行してきた車は，最終的に目的地の近くの出口から一般の平地街路へと降りるわけであるが，出口は相当の距離を隔てて設置されており，直接に沿道利用ができないという不便さは否めない。出口としての形態は，鉄道における駅に似ている。

　人と荷物を同時に直接目的地へと運べる交通手段である自動車は大変に便利ではあるけれども，高架の高速道路でも交通渋滞がしばしば起こり，それに巻き込まれると逃げ場がなく，思わぬ時間の浪

写真 4 高架の高速道相互の立体状交差点 (大阪市 農人橋付近)

費を余儀なくさせられる。

　そして高架の高速道をうまく利用してやってきた大量の車が，ひとたび市街の一般街路に降りてくると，そこにはおびただしい車両の列と，交通信号機によるゴー・ストップの制御地獄が待ち構えている。これは幹線街路といえども例外ではなく，高速道路で得た時間短縮のメリットは早々に失われることになる。このようにして高度社会の機能を著しく低下させていることは，見のがすことのできない現実である。

　以上のような現状をつぶさに検討すると，都市を中心とする街路に著しい交通渋滞を招いている原因の一つは，すでによく知られているように際限ない車の増加である。それは，都市の拡大によりもたらされた，周辺部と都心との間の多量の交通需要をさばき切れない道路供給事情も関係するだろう。しかし，筆者が看過しがたいとする渋滞の一因は，平地の一般幹線街路において，むやみやたらと増大し続ける信号制御のやり過ぎである。

ここで，現在の我々が依存する交通体系のもつ問題点を整理してみる。
① 交通混雑を回避し，可能な限り事故を減少させるためには，連続立体橋で高架状に設けられた高速道路が適している。すなわち，直接には沿道利用をしにくいけれども，ノンストップの高速長距離走行を容易に果たせる"車専用道路"の建設である。そして，これを車社会の一方の理想の極とすると，他方の極として，
② 車の利便性を活用することで，どこへでも自由に出入りしながら走行して，沿道利用に直接結びつけることができる"街区内街路や生活・商業街路"などがある。
　　ところが，①と②との間には，
③ 双方の交通流を授受しながらも，その交差部で信号制御を受けずにノンストップでほとんど渋滞することなしに高速走行ができる，中〜高速の，都市での中枢的機能を備えた"高品位の幹線街路"が，実質的にはほとんど存在していないのである。

　以上を換言すれば，車の機動力と走行の自由性により支えられているはずの近代文明社会において，その中核となるべき都市にふさわしい道路交通体系が，十分に確立されてこなかった，といえる。

　我々は，ビルの窓から街路を眺めているようなときにも，このことをありふれた普通の姿として見過ごしている。すなわち，車はいつもと同じように流れていて，信号が赤に変わると車はせき止められて次々と溜りだすが，やがて青信号となると車列は前の方から動き出して流れていくという当然の有様をくり返している。たまたま交通渋滞に巻き込まれても，その場を辛抱して通過しさえすればそれでよく，後に続くドライバーの緊急性などは"こちらの知ったことではない"とする"その場しのぎ"のことなかれ主義は誰にも存在する。

金銭や物品を盗まれたり脅し取られたりすると，誰もが声高に損害を訴えるが，無形の"時間の損失"についてはあまり気にすることなく忘れ去るし，局部だけを眺めている限りは不都合に気づくことはないだろう。

　しかし視点をもっと高い位置に置き，できれば街全体を一度に見渡せる高度から見下ろして，すべての交通流を同時に眺めると，事態は一変する。車としては個々には優れた走行機能をもちながら，その機動力を十分に発揮させることができていないという市街地の通路構成に，大いなる疑問を感じずにはいられなくなるのである。すなわち，今の街路の形態とその使い方からして，信号制御は交通の安全確保の見地からやむを得ないことかもしれないが，人類が科学技術の成果として手にした移動手段の高速性と自由性の享受を十二分に活用するには，道路側にももっと目をみはるような改革がなされなければならない。

　この現実は冒頭にも触れたように，高度に発達した文明社会においてまれに見る後進性を色濃く残した部分であって，世界的に共通して見過ごされてきた死角ではないだろうか。車という文明の利器を利用してはみたものの，車が本当に必要とするものが，都市や道路に十分に構築されていないという矛盾に，人類はまだ気がついていないようにも見受けられる。

4節 立体交差化の事例とその問題点

道路の立体交差というと,ほとんどの専門図書[1]に図解され,誰でもがすぐに思い浮かべるのが,図4に掲げるクローバーリーフ形インターチェンジであって,十字路(四枝交差)で信号制御なしの唯一の完全な立体交差方法として著明である。

これは四つのループと,異方向道路を結ぶランプ(直結路)とによって構成される姿が美しく,相互の道路間で信号制御を受けることなしに,かなりの高速走行のままで他方側の道路へと移行が達成される。ただ,この方式については,ループの本線への取り付けエリア部分で,分流と合流が同時に起こる"織込み区間"が生じるため,そこを通過するドライバーは自車の前後左右への十分な配慮が肝要である,と専門図書に述べられている。

また三叉路については,Y形や,図6に示すT形などがよく知

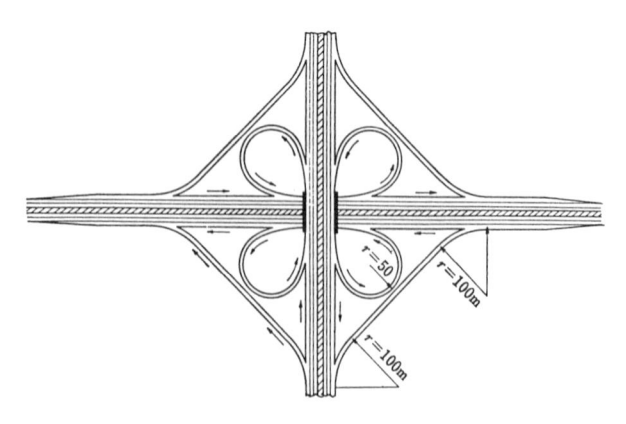

図4 クローバーリーフ形インターチェンジ(四枝交差)

第1章 平地幹線街路の近代化

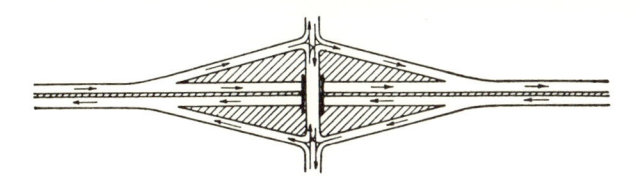

図5 ダイヤモンド形インターチェンジ(四枝交差)

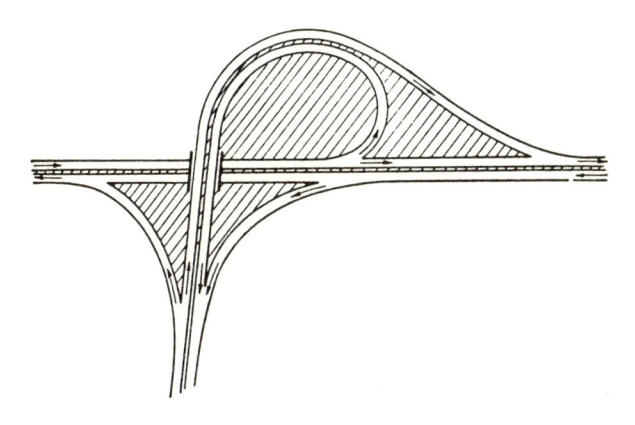

図6 T形インターチェンジ(三枝交差)

られ，実際にはこれらの変形なども数多く用いられている。

　そしていま一つ有名なものが図5のダイヤモンド形インターチェンジと呼ばれている方法である。これは十字交差点において菱形のダイヤモンド形をなすのが特徴となっているが，連絡通路を主路の側面に密着させた状態にしても機能は全く同じであるために，一般街路でも立体交差方式として広く用いられている。ただ，この立体交差では，主要とされる一方向側の道路の方は，直進車線を信号制御を全く受けないノンストップ車線として実現できるけれども，これと交差する他方向側道路の車線では，縦と横方向相互の道路間を連絡する通路(ランプともいう)の出入り口のところで，右折車は直進車線を横切る必要性があり，どうしてもそこで信号制御が必要

となる。

　以上述べたクローバー形からY形やT形などに至るまでの立体交差は、いずれも自動車専用の高速道路における交差方法として開発されたものであり、車のスピードをそれほど減速することなしに異方向の道路へと移行できる優れたインターチェンジであるが、高速走行の本線との間での分流と合流においては、運転操作にそれなりの注意や技術を必要とする。

　また特に、図4、図6などの交差方式は、その実現にかなり広い用地を必要とする。このため、建物が密集したりすでに高層化が果たされている既成の市街地に後から高額な用地買収をし、工事をして供用することは困難であり、あくまで用地取得の容易な都市間の農牧林地や、郊外地域において供用されるものである。

　クローバーリーフ形立体交差が、わが国の首都圏などの平地幹線街路において設けられているケースは極めて少ない。クローバー

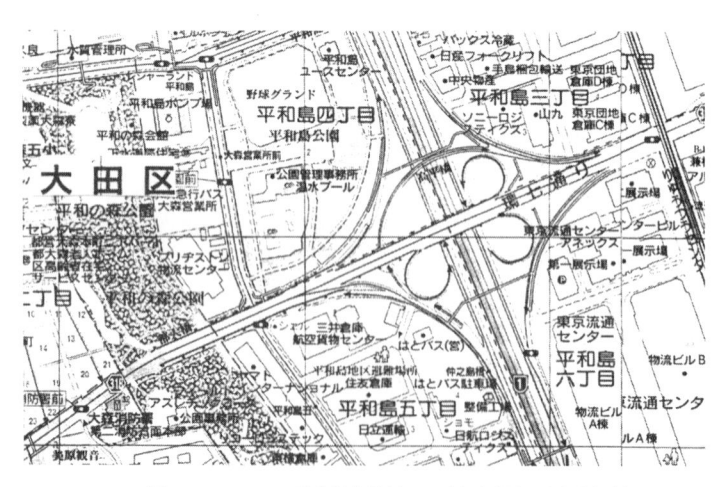

図7　クローバー形立体交差例の1 (東京都大田区平和島)

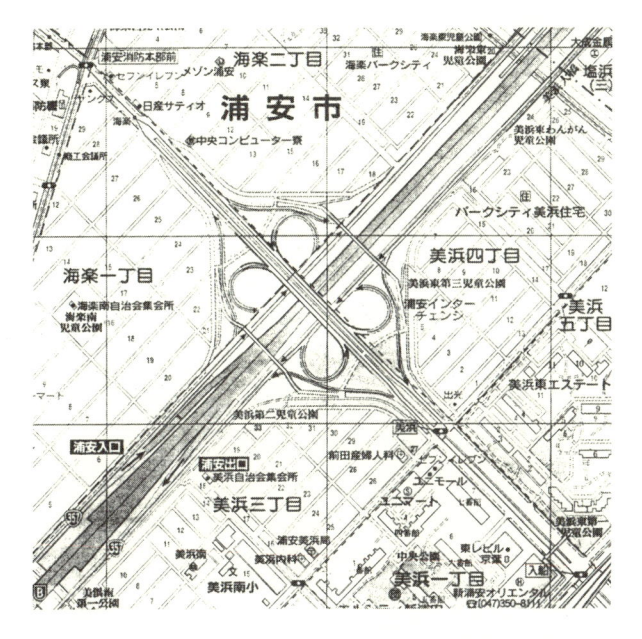

図 8 クローバー形立体交差例の 2 (千葉県浦安市)

リーフ形の例は，東京都市圏の近傍では，大田区平和島で "環七通り" と "海岸通り" との交差部 (図 7) や，千葉県浦安市の "湾岸道路" と "やなぎ通り" との交差点 (図 8) などに見られるにすぎない。したがって，本書ではここで例示するだけにとどめ，特に問題としない。

現在の大都市では，全線高架の連続立体橋で作られた車専用の高速道路の出現は大変に好ましいことであり，その効用は顕著である。そして平地の一般幹線街路でも "すでに立体化された" といわれる交差点はあちこちに実在していて，大幹線が交差する大きい重要な交差点では，確かに交差部は，直進跨道橋などの "陸橋" で，上下に立体的に交差をさせてある事例が各地に見受けられる。

第 4 節　立体交差化事例とその問題点

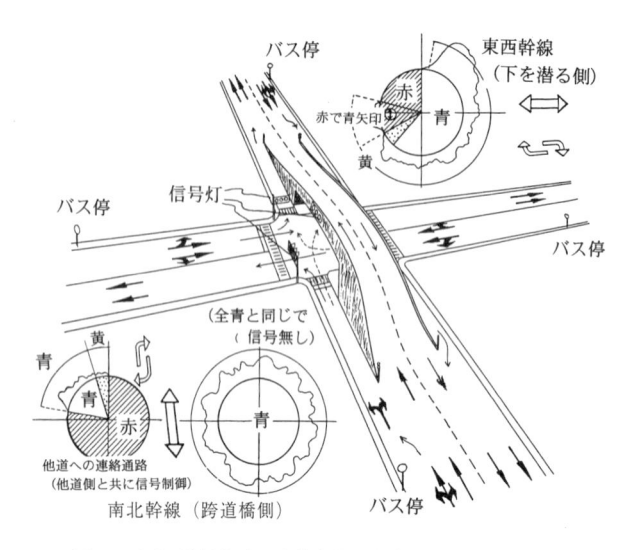

図9 平面の幹線街路で立体交差と称するほとんどの場合の現状

　図9はそういう立体交差構造物をわかりやすく図解したものである。交差点部分だけ，交通量が多くて重要な方の幹線街路を直進跨道橋とすることによって，他方の幹線上を信号なしで乗り越えさせている。

　しかし，このように直進部だけを立体交差させる方法では，重要とされる幹線側は信号なしのノンストップで走行できるけれども，その下を直交して潜る側の幹線では信号制御がどうしても必要となる(このことは先のダイヤモンド形インターチェンジのところでも触れておいた)。すなわち，重要幹線からその側方に添って設けられた"ランプ"と称される通路を降下してきて，下側を潜り抜けている幹線の車線へと移行しようとする右折や左折車に対しては，どうしてもそこに信号制御を必要とする。換言すればその姿は，乗り越える側の幹線街路の信号なしのノンストップを支えるために，下側の幹線の直進交通が信号制御により大きい犠牲を強いられている

第1章　平地幹線街路の近代化

わけであり、この矛盾を見逃すことはできない。

そしてまた、双方向に交通量が多いと、下側幹線に合流しようとランプを降下してきたたくさんの車に対して、右折や左折のための"青信号"が表示されても、それが1回の信号サイクルの"青"でさばき切れなくなると、ランプ上に車が溜ってきて上側幹線の本線上にもあふれ、結果としてノンストップ走行の本線に対しても影響を及ぼしてくる場合がある。

このように、一方側の直進部のみを信号なしのノンストップ車線とした立体交差方法では、通常の場合、図9のように重要街路側の方を乗り越えさせるオーバーパス方式とすることが多い。写真5に実際に存在するオーバーパスの立体交差の事例を示した。この場合は乗り越える"直進跨道橋"が長大となり、市街部に高くそびえて景観を圧迫することとなるのは避けられない。

しかし、ノンストップ直進車線を写真6のように地下をトンネルで通過させるアンダーパス方式で立体化する場合もある。この場合

写真5 オーバーパス方式の立体化事例 (大阪中央環状線丹南)

写真 6 アンダーパス方式の立体化事例 (大阪外環状線の新家)

は，市街に対する圧迫感や騒音公害もなくてよいけれども，建設費用が相当に高くなり，またその地下部に浅い地下鉄や下水管などの埋設などがあると工事が実現できないこともある。

いずれにしてもこういう立体交差方法は，交差する一方側の道路でだけしか信号なしのノンストップ走行ができないものであり，他方側には右折させるための信号制御は欠かせない。

全国で立体交差化されたと称する平地の一般幹線街路のほとんどは，図9を基本とする写真5または写真6のタイプに該当するものであり，先に掲げた東京都市圏域の図7，図8のクローバー形交差事例は，むしろ極めて例外的な存在である。

警視庁編集の「交通年鑑」[2]には，東京都市圏のあらゆる交通状態について統計処理され，詳しい情報が登載されている。「交通年鑑」の平成元年版では，東京都内の広域にわたって渋滞状況が折り込みの地図状に図示されていて，大変よく理解できる。[*2]

[*2] それ以後の交通年鑑では統計の処理方法が変わり，このような図示はない。

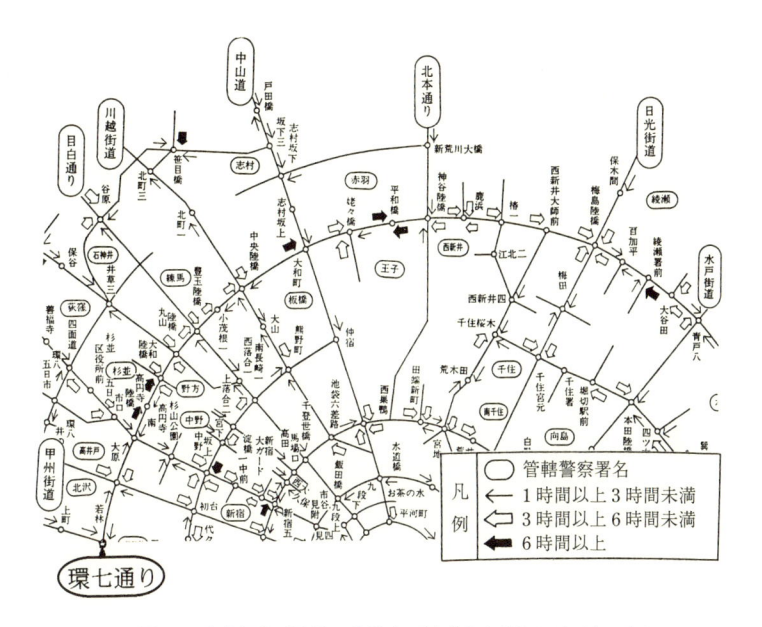

図 10 東京都主要路線の交差点別渋滞発生状況図 (平成元年)

図 10 は，この折り込み図の"環七通り"を中心とする渋滞状況を，部分的に抜粋して掲げたものである。この図では，都内大幹線における 3 時間以上や 6 時間以上の渋滞箇所が一目でよくわかり，その多さには大変驚かされる。

平成 9 年から 12 年版の「交通年鑑」の統計によると，東京都の大幹線である"環七通り"は常に渋滞ワースト 50 路線の第 1 位にランクされている。これをさらに詳細に分析した 12 年版の統計によると，渋滞距離の平均はなんと，外回りで 11.4 km，内回りでは 10.7 km にも及び，内回りと外回り車線については，いずれも 50 路線の中で 1 位と 2 位とを占めており，さらにそこを走行する車の平均速度はいずれも時速でたったの 25 km ほどでしかないという。

この大環状幹線の"環七通り"は，至るところで都心から周辺の

第 4 節　立体交差化事例とその問題点

郊外や衛星都市方面へと伸びる放射状の幹線街路に対して，直進跨道橋で立体交差化されているのにもかかわらずこのありさまであり，大東京を代表する主要大幹線の機能を十分に果たしているとはとても考えられない。

この図で特に注目される交差点は，平成元年 (1989) のこの時点で，往復車線とも 6 時間を超える大渋滞が記録された "平和橋交差点" であるが，ここは図 11 に示すように現在も平面交差である。平成元年から 12 年経過した 2001 年版の最新の道路地図[3]によると，この交差点では全方向への右折が禁止されるようになっていて，多少は渋滞の緩和を果たしているかもしれないが，大きいネックであることに変わりはない。

次に，先に掲げた図 10 の東京都交差点別渋滞発生状況図の中で，代表的な立体交差点の 2 事例について，その付近の信号制御の状況を示す詳細な地図データを示す。図 12 の高円寺陸橋は "環七通り" と青梅街道とが交差するところであり，また図 13 は梅島陸橋で日

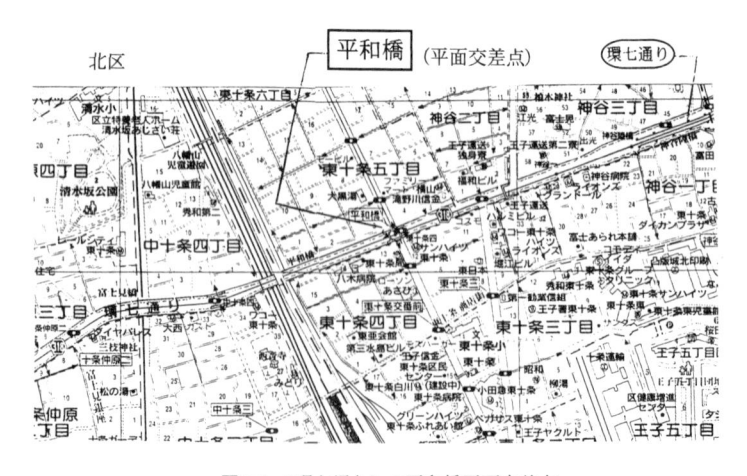

図 11　"環七通り" の平和橋平面交差点

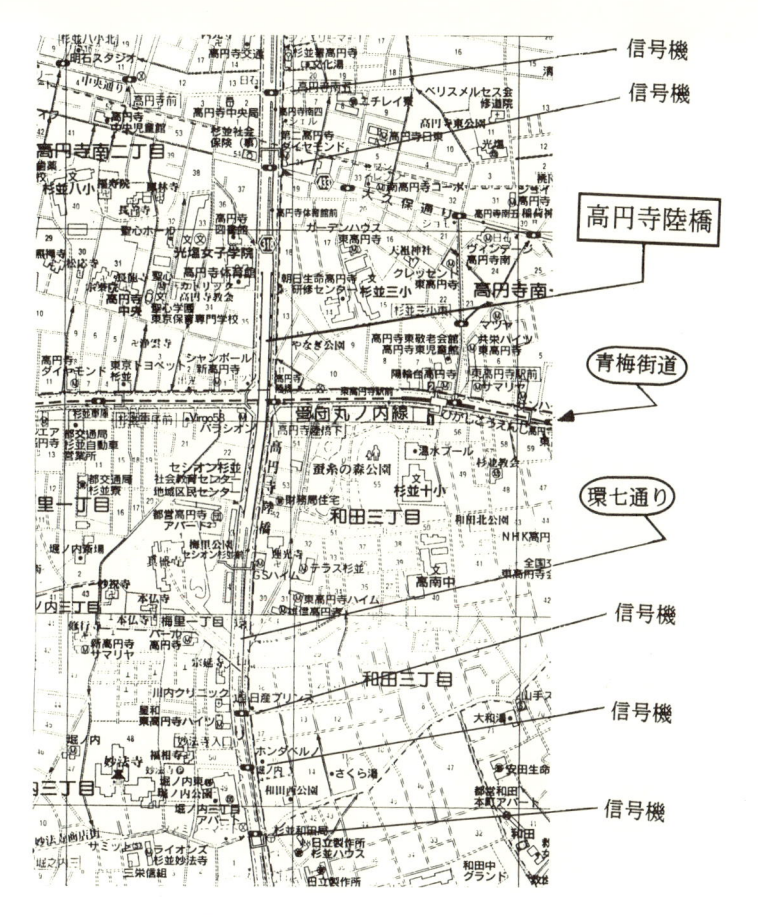

図12 "環七通り"の高円寺陸橋とその付近

光街道と交差しているところである。

　これらの地図情報で注目していただきたいのは，交差部はいずれも"環七通り"側の方が，直進跨道橋によって信号制御なしの立体化でオーバーパスしているのであるが，そこを通過するとすぐその先で，この幹線との間で平面交差しているたくさんの側道や副幹線

第4節　立体交差化事例とその問題点　　　27

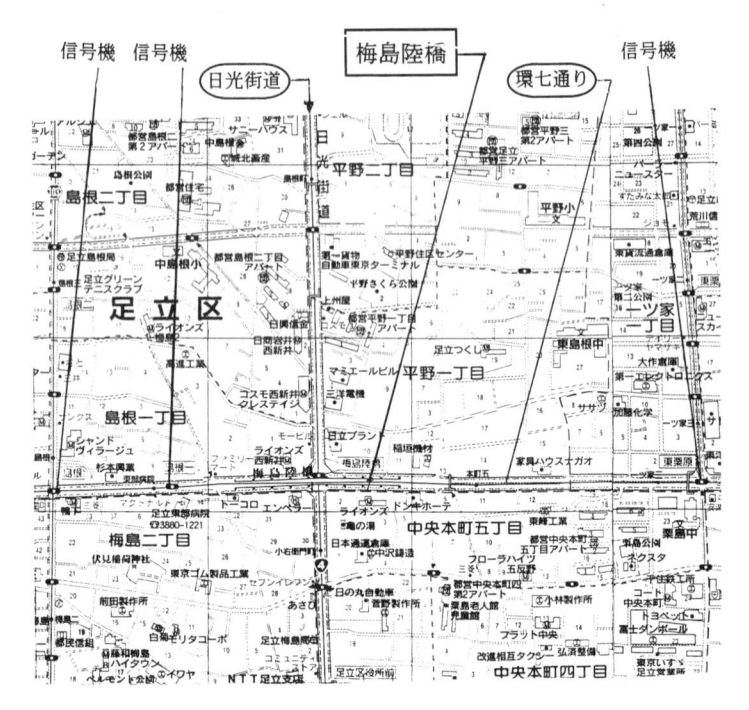

図 13 "環七通り"の梅島陸橋とその付近

街路などの信号制御に引っ掛るという，大変不合理な幹線街路の構成となっていることである．

そこで，全長 48.6 km の "環七通り" について，立体交差の状況と，陸橋間の側道に付随する信号機の数を調べてみた．

その結果は驚くべきことに，32 箇所も立体交差化され，平均すると 1.5 km ごとに陸橋が存在することになるのに，上記したように渋滞 50 路線でのナンバーワンである．幹線での走行速度がたったの 25 km/h でしかないというのは，現在の高度な文明社会の現象としてはまことに "異常" としかいいようがない．

表1 環七通りの陸橋による立体交差と交通信号機の数

番号	交差点名	交差部の通過方法	区名	通過後の信号機数
1	大井南部陸橋	アンダーパス	品川	0
2	環七大井埠頭	オーバーパス	太田	1
3	都大橋	〃	太田	7
4	春日橋	〃	太田	11
5	長原陸橋	〃	太田	6
6	柿木坂陸橋	〃	目黒	1
7	駒沢陸橋	〃	目黒	3
8	上馬	アンダーパス	世田谷	0
9	駒留陸橋	オーバー・アンダー	世田谷	1
10	若林陸橋	アンダーパス	世田谷	13
11	方南町交差	〃	杉並	5
12	高円寺陸橋	オーバーパス	杉並	3
13	大和陸橋	〃	中野	0
14	丸山陸橋	〃	中野	4
15	豊玉陸橋	〃	練馬	0
16	桜台陸橋	〃	練馬	9
17	板橋中央陸橋	〃	板橋	4
18	大和町 (高架下)	アンダーパス	板橋	2
19	姥ヶ橋陸橋	オーバーパス	板橋	4
20	神谷陸橋	〃	北	6
21	江北陸橋	〃	足立	4
22	西新井陸橋	〃	足立	3
23	梅島陸橋	〃	足立	10
24	大谷田陸橋	〃	足立	8
25	青砥陸橋	〃	葛飾	9
26	奥戸陸橋	〃	葛飾	1
27	総武陸橋	〃	葛飾	0
28	上一色陸橋	〃	江戸川	1
29	松本連続陸橋	〃	江戸川	5
30	京葉陸橋	〃	江戸川	4
31	一之江陸橋	〃	江戸川	5
32	長島町陸橋	〃	江戸川	14
	(葛西臨海公園)		(信号数合計)	144

その渋滞の最大の原因は，陸橋通過後のところに存在する，同一平面で出入り口を有する無数の側道である。そこに付随する信号機が，ノンストップでオーバーパスした直進交通を制御するのであるが，その信号機の数は表1に示すように，実に144箇所にも達する。"環七通り"はわが国を代表する主要幹線街路であり，全国的には数え切れないほどある幹線街路の立体交差の現状も推して知るべしである。なんとしても早急に，このような不合理性が排除されなければ，車社会に真の栄光はもたらされない。

　写真7は，1枚の画面に納められるように，規模の小さい直進跨道橋による立体交差点での交通渋滞のようすを示したものである。この陸橋のすぐ向こう側には，信号機を備えた三叉路があって，平日の朝夕にはこのように，陸橋上は，信号待ちの車列で延々と満たされることになる。

　"環七通り"の場合はこの写真の事例よりスケールが段違いに大きいけれども，交差部をノンストップ走行ができるという立体化の構成はこの写真の場合と全く同じことであり，交差部を越えたすぐその向い側において，平面交差の信号機制御がいくつも待ち構えて

写真7 直進跨道橋に隣接する平面交差点の信号制御の影響
（大阪府下堺市の亀の甲交差点）

いるという不合理な構図に変わりはない。

　ここで，重要な問題点が二つ考えられる。

　その第一は，交差部の一方側街路の直進機能だけを立体交差化しただけでは，その交差点でのすべての交通流をうまくさばいたことにはならないということである。すなわち交差点が真に必要とするのは，相互の直進交通を含めて，その場所で右折や左折などあらゆる方向へと転進しようとする交通についても，どれも信号制御を受けることなしに自由に前進走行が達成されなければ，交差点としての真の機能が果たされたとはいえないのである。

　そして第二は，立体交差でノンストップの高速で交差点を通過するようにしたのなら，その後でもノンストップ走行を継続できるような幹線街路の構成とする必要があり，そのことを換言すれば，都市の主要な幹線街路では，立体交差と立体交差の間の途中にはすべての信号を廃止して，人車がその幹線の中途部分を平面で横断することのできない街路の構造とする必要があることである。それには例えば中央分離帯をかさ上げするとともに，途切れることなく連続させるなども手段の一つである。これは市街の在り方について全面的な見直しを迫ることであり，街路の使い方について，車社会に適合するように思いきった改良が実行されねばならないということである。そして歩行者交通はその過程で併せて考えていけばよいことであり，中核となる車の交通体系を，都市計画で完璧な姿としてまず浮上させ，諸般の情勢を見比べながら，最善の方法となるように実現していけばよいのである。

　すでによく知られているように，渋滞によるデメリットは大変なもので，当時の建設省近畿地方建設局の一般向け啓発資料冊子[4]の記述を丸ごと引用させていただくと，「交通渋滞が人々に与える時間的損失は一人当り年間 50 時間で，これを平均的な労働時間賃金に換算すると，一人で約 10 万円，近畿全体で約 2 兆円になる」

との試算もある。そしてまた,「車のノロノロ運転は著しい燃料の無駄遣いとなり,時速 10 km での渋滞走行は時速 60 km の快適走行の 1/3 しか進めない燃費低下を招き,さらに悪いことには低速走行やアイドリングでは酸化窒素などの有害な排気ガスを多量に排出する結果ともなって,沿道の環境に著しい悪影響をおよぼす」と警告している。

第5節 幹線の平面交差は事故を招く最悪の構図

　毎年くり返される世界中での交通事故による人的被害は，地域戦争の人的被害にも劣らず増大し，終わりなき"交通戦争"ともいえる状況となっている。

　図14は，東京地区における交通事故と，その死傷者増加の20年間の推移を示した図である(警視庁の交通年鑑統計より引用してグラフ化)。まぎれもなく事故は年ごとに増加して20年前の2.8倍にも達しており，また負傷者の増加に関してもほぼ同じ倍率で増える傾向が認められる。このことは車保有数の増加とともに大いに関連していて，狭い国土のわが国が，アメリカに次ぐ世界第2位の車保有数を擁していることからも，道路構造の改良などの交通事故対策がいかに急務であるかを物語っている。

　なおこの図で，死者数が横這い状態となっているが，最近の救急医療技術とそのシステムがめざましく進歩したことに負うところも大きいと考えられる。すなわち，10年以上前ならば到底救命でき

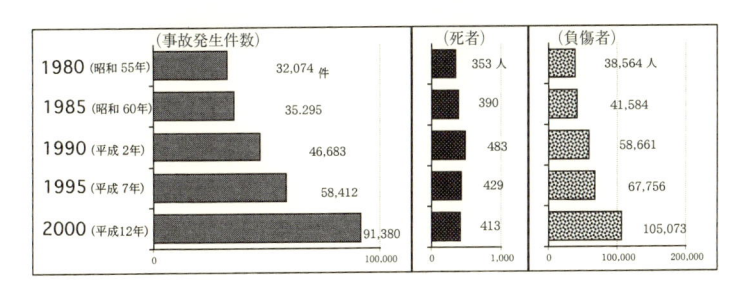

年	事故発生件数	死者	負傷者
1980 (昭和55年)	32,074 件	353 人	38,564 人
1985 (昭和60年)	35,295	390	41,584
1990 (平成2年)	46,683	483	58,661
1995 (平成7年)	58,412	429	67,756
2000 (平成12年)	91,380	413	105,073

図14　東京の交通事故と死傷者の経年推移
(各グラフは目盛りサイズを異にする)

なかった重傷者も，すばやい救急処置と高度な医療技術によって一命をとりとめるケースが増加したことであると考えられる。

このような交通事故をもたらす大きな原因の一つが平面交差点の温存であり，そのことについて，以下詳しく分析し解析を試みる。

まず交通事故の実態については，大阪府警の調査で大阪府交通安全協会編纂になる「平成 12 年版 大阪の交通白書」[5] によったが，大阪府下での道路別に発生している事故割合を円グラフとして図 15 に掲げた。

これによると，道路における交通事故のほとんどが平面道路上で発生しており，高架となっている高速道路における事故は，全事故件数 63 273 件のうち，たったの 2.4 ％でしかない。換言すれば，信号制御がなく，交差部はすべてが完全な立体交差状に構築され，ドライバーは速度調節とハンドル操作だけに注意していれば，かなりの高速で"すいすい"と走行することができるし，交通事故も格段に少ない。

事故の状況については図 16 に示したが，車専用として走行しやすいように特別に構築された高速道路での事故は，その 75 ％が走

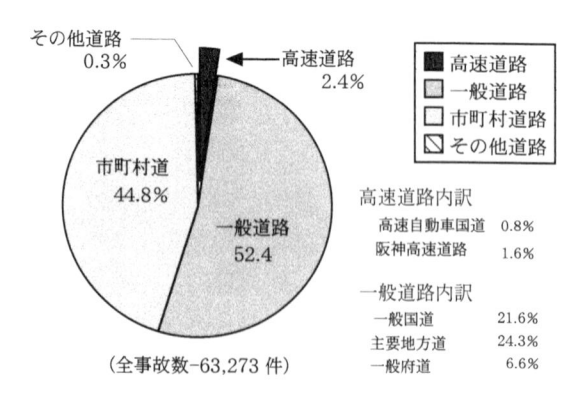

図 15　大阪府下の道路別交通事故の割合 (平成 12 年度)

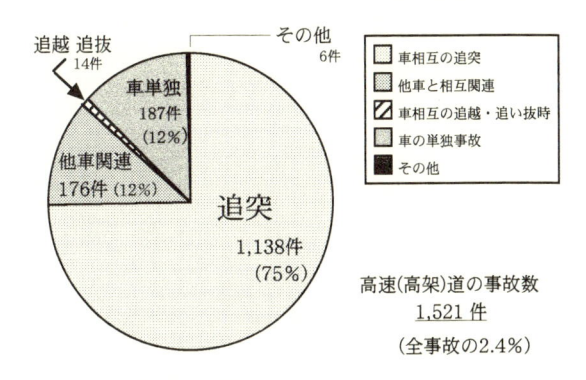

図 16 大阪府下の高速道路における事故状況 (平成 12 年度)

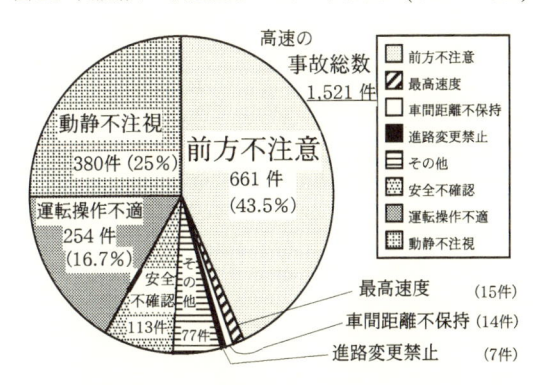

図 17 高速道の事故での運転者側の違反内容 (平成 12 年度, 大阪)

行慣れの油断から生ずる追突によるものである。このあたりの事情に関しては，図 17 によっても明らかなように，高速道路ではドライバーの"不注意"によることが大半を占めており，そこに免許取りたての運転未熟者も相当にいるとすれば，"運転操作不適"の 16.7 ％は，起こるべくして起こった現象とも考えられる。

このように，車専用に構築された高速道路では事故が少なく，その事故原因も比較的単純である。これに対して，平面交差点を擁す

第 5 節　幹線の平面交差は事故を招く最悪の構図

る平地街路の走行では，運転者が注意を要する事柄は相当に複雑となる．

すなわち平地道路を走行する運転者は，信号の確認や周辺のいろいろ雑多な状況に対する注意が必要となる．例えば，平面交差にお

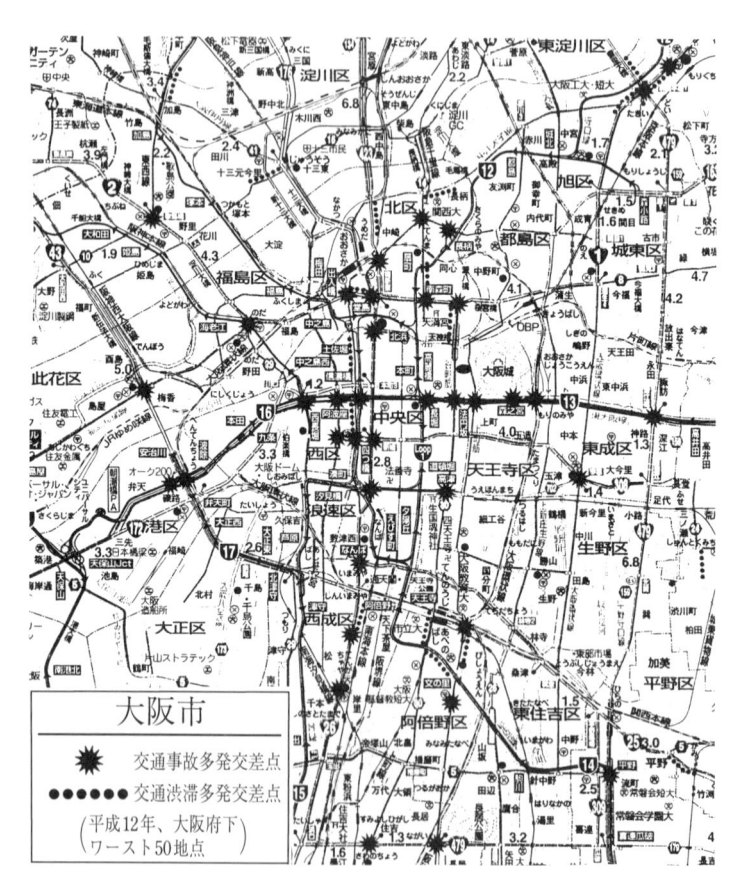

図18 大阪の事故多発交差点(平成12年度 府下ワースト50)

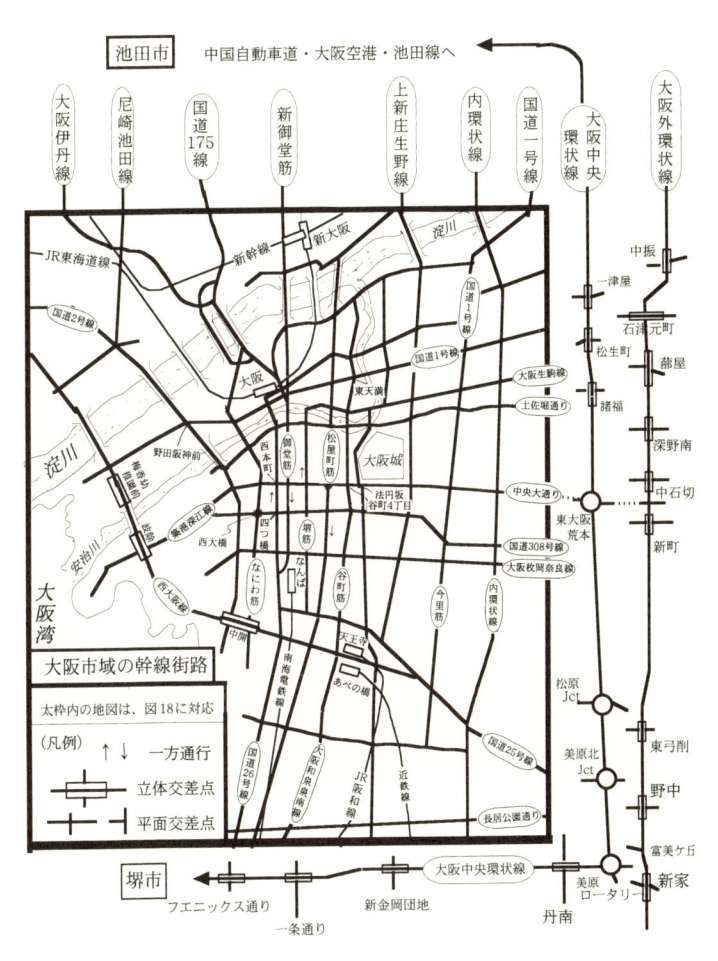

図 19 大阪都市圏の幹線街路網 (鉄道線上橋, 河川渡り橋, 高速高架道, JR 環状線は除く)

ける"車両相互"や"歩行者"などの動体から，電柱や構築物，"不法駐車"などの静止体に至るまで，多様な情報確認と，それらに対応する適切な運転操作が必要となり，高架の高速道よりもはるかに注意と熟練を要するのが現実である。

次には，平地街路とそれが街中で交差する平面交差点における交通事故に関連する問題点について分析する。

図18は交通安全協会が啓蒙用に作成した地図[6]であるが，大阪における交通事故多発交差点が，一見してよくわかる。

事故多発交差点の位置は大阪都心部に集中し，そのようすは「大阪都市圏地図」[7]より作成した図19の幹線街路網図と見比べていただくとよくわかる。図19の太枠内は図18に対応する。

前述の"環七通り"を擁する東京の幹線街路網は，都市中心部を起点とする放射状にできた幹線街路に，それら相互を横に連絡させるための環状通りが幾重にも発達した"くもの巣状"を呈しているのが特徴である。

一方，大阪市は，京都市と似て東西幹線と南北幹線が"格子状"に交わる姿を呈しているが，幹線密度は南北方向に密であり，四つ橋筋，御堂筋，堺筋，松屋町筋などは幹線街路でありながら一方通行として使用されている。そして大阪都市圏には，外周の衛星都市を貫通するように，"大阪中央環状線"の大幹線と，さらにその外側で大阪平野の東端あたりを縫う"大阪外環状線"が走っている。

大阪の交通事故について，もう少し詳しく事故多発件数順に多いものから20の交差点を掲げたのが次の図20である。

このようにワースト20の平面交差点では，年間16〜31件の交通事故が発生しており，写真1に掲げた大阪市なにわ筋の"西大橋交差点"は，何の変哲もない普通の交差点ながら，事故数は"法円坂交差点"に次ぐ第2位である。

また先に交通渋滞路線のナンバーワンとして掲げた東京の"環七

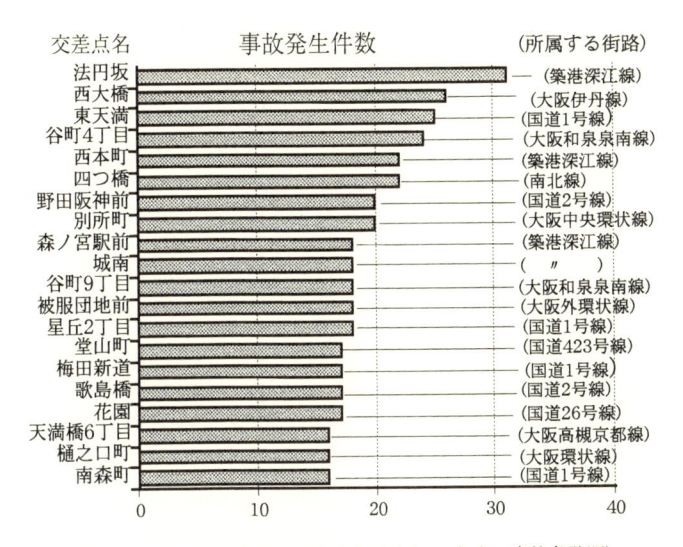

図20 大阪の事故多発平面交差点(平成12年度,事故多発順)

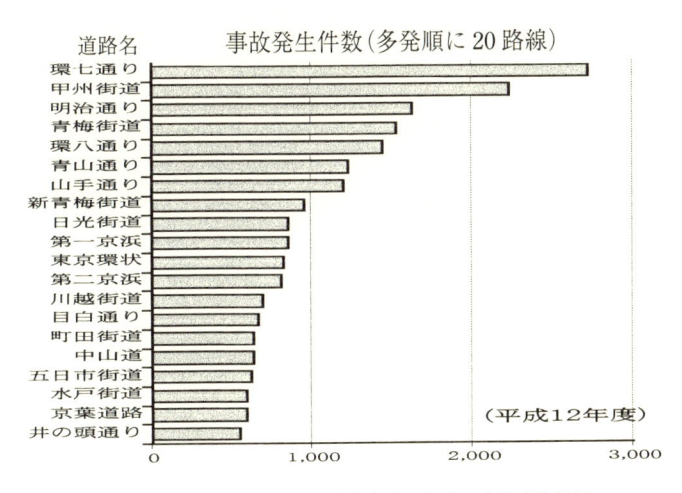

グラフデータ(交差点名 — 所属する街路):
- 法円坂 — (築港深江線)
- 西大橋 — (大阪伊丹線)
- 東天満 — (国道1号線)
- 谷町4丁目 — (大阪和泉泉南線)
- 西本町 — (築港深江線)
- 四つ橋 — (南北線)
- 野田阪神前 — (国道2号線)
- 別所町 — (大阪中央環状線)
- 森ノ宮駅前 — (築港深江線)
- 城南 — (〃)
- 谷町9丁目 — (大阪和泉泉南線)
- 被服団地前 — (大阪外環状線)
- 星丘2丁目 — (国道1号線)
- 堂山町 — (国道423号線)
- 梅田新道 — (国道1号線)
- 歌島橋 — (国道2号線)
- 花園 — (国道26号線)
- 天満橋6丁目 — (大阪高槻京都線)
- 樋之口町 — (大阪環状線)
- 南森町 — (国道1号線)

図21 東京都内の主要幹線街路における交通事故件数(多発順に20路線、平成12年度)

道路名(多発順):
- 環七通り
- 甲州街道
- 明治通り
- 青梅街道
- 環八通り
- 青山通り
- 山手通り
- 新青梅街道
- 日光街道
- 第一京浜
- 東京環状
- 第二京浜
- 川越街道
- 目白通り
- 町田街道
- 中山道
- 五日市街道
- 水戸街道
- 京葉道路
- 井の頭通り

第5節 幹線の平面交差は事故を招く最悪の構図

通り"は，図21に示すように交通事故発生件数においても断然トップの座を占めている現状は大いに注目すべきである。平均1.5 kmごとに立体交差化されているにもかかわらずの，この惨状については——交差部において一方側がオーバーパスやアンダーパスでの直進方法で信号制御を受けることなしに通過できるけれども，右折車や左折車については，ノンストップ走行ができないという立体交差装置としての不完全性と，立体交差と立体交差の間の側道部での信号制御の温存が大きな障害をもたらしている可能性——についての再確認を要する。

平面交差点における事故発生の一つの原因は，図22で示すように，位置としては"交差点"と"その付近"に集中している。

またその事故が道路として"表通り"か"裏通り"かの別では，図23のように表通りとしての幹線道路上で多くなっている。

そしてこれら一般街路上での交通事故のありさまは，図24で示すように"追突"が42％と最も多いが，"右折"や"左折"などの他方街路への転進時にもかなりあって，"出合い頭"事故と併せると

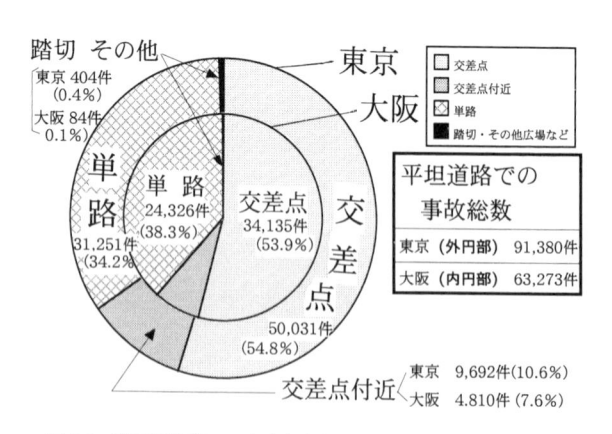

図22 道路形状別での東京と大阪での交通事故数（平成12年度）

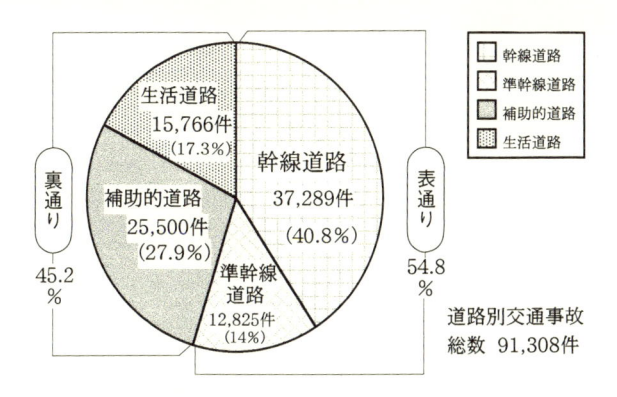

図 23 東京の道路規模別による交通事故件数 (平成 12 年度)

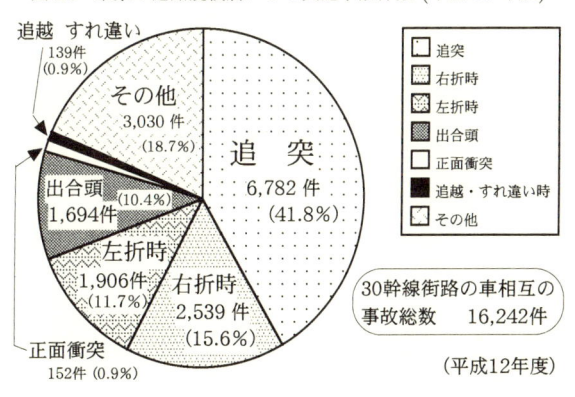

- 生活道路 15,766件 (17.3%)
- 幹線道路 37,289件 (40.8%)
- 補助的道路 25,500件 (27.9%)
- 準幹線道路 12,825件 (14%)
- 裏通り 45.2%
- 表通り 54.8%
- 道路別交通事故総数 91,308件

図 24 東京の事故多発 30 幹線街路における車相互事故の様相

- 追突 6,782件 (41.8%)
- 右折時 2,539件 (15.6%)
- 左折時 1,906件 (11.7%)
- 出合頭 1,694件 (10.4%)
- 正面衝突 152件 (0.9%)
- 追越・すれ違い時 139件 (0.9%)
- その他 3,030件 (18.7%)
- 30幹線街路の車相互の事故総数 16,242件 (平成12年度)

37.7％となる。これに対して"正面衝突"や"追い越し・すれ違い"事故は思ったより少なく，微々たるものである。この図 24 と，先に示した高速道路の事故割合 (図 15) や事故状況 (図 16) などと見比べると，追い越しや追い抜きなどの"車線変更"時とか，中央分離帯オーバーの"正面衝突"等は案外と少ない。

このように渋滞をもたらす幹線街路の平面交差の構成は，対向す

第 5 節　幹線の平面交差は事故を招く最悪の構図

る車と車や，車と歩行者が同じ平面で出会う可能性が大きいため，人身交通事故多発の引き金ともなり，多くの人命を奪い，さらにその何十倍もの大量の人々が，再起不能や，生涯に回復させることのできない身体的障害をこうむるという，文明社会にあってはならない堪えがたい現象の元凶となっているのである。

　もしも，今から40年前(1960年)の，モータリゼーションがわが国へも押し寄せた頃——同時期には高架の高速道路が実現されつつあったが——この時期に一般幹線街路も完全なる立体交差とする研究がなされていたならば，平面交差が原因と見られる交通事故がどんなにか防止できたことであろうかと悔やまれる。

6節 反転跨道橋の補佐で完全な立体交差化を実現

　前節までに述べたように，都市の幹線街路を中軸とする現在の平面交通体系は，モータリゼーションの発展に適切には対応していない。

　そこで本書では，交通信号機を全廃した完全な立体交差を実現する方法を提案したい。

　それは図 25 に鳥瞰的に示したように，平面幹線街路の交差部分に，直進跨道橋とこれを補佐する反転機能を備えた跨道橋を導入するものである。この方法であれば，既成の市街地のすでにでき上がってしまっている街並に対しても，新たな用地をほとんど購入することなしに適用可能である。

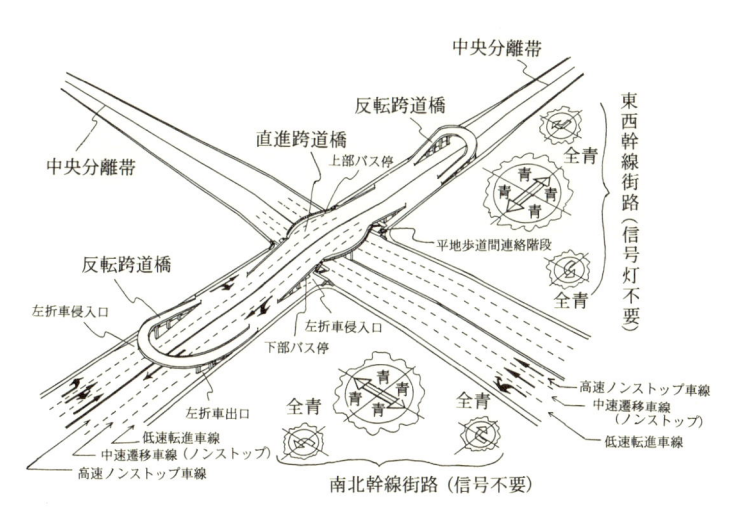

図 25 反転跨道橋を有する完全な立体交差 (全方向への信号は全廃)

市街地の平面交差点での最大のネックとなるのは，すでに述べてきたように
① 直進車の相互通過が断続的であること，
② 右折車をさばくための時間をどうしても介入させる必要があること，
③ 対向走行する車と車との相互関係のみならず，歩行者とも同一平面で出会ってしまう道路構造の根幹にかかわる不備，
に集約されるだろう。

　直進走行車については，陸橋やトンネルを用いて立体交差化すれば容易に解決するけれども，横断歩道の温存と右折車のさばきについては最後まで解決できない問題点として残る。

　しかし，ここに示すように立体交差点に対して，最初から反転可能な機能を与えておけば，市街地の一般幹線街路における交差点での信号制御をすべて廃止することができて，車交通の問題点は一挙に解決する。

　図 26 はその走行経路を示すものである。円弧状で示した"反転跨道橋"を直進跨道橋の両側に配置すると，平面交差点で右折を含むあらゆる方向へ随時に自由走行ができるとともに，双方向が連続通行となり，交差点における交通容量を一気に倍増させることができる。

　すなわち，この図で，北進車は立体交差部の直進跨道橋を乗り越えてノンストップで直進走行し，左折車は直進車線より直接左折するが，右折希望車は交差点を越えた向こう側の反転跨道橋で折り返してすぐに左折すれば右折の目的を達し，折り返し希望車も同様に向側の反転跨道橋を経由すれば U ターンを達成できる。

　一方，西進車は，直進跨道橋の下をノンストップで潜り抜けて直進を果たすが，左折車は直進車線より直接に左折すればよく，右折車はいったん左折し，左側に設けられた反転跨道橋で U ターンして

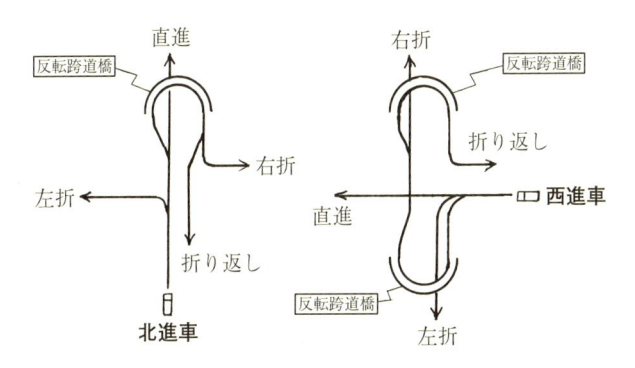

図 26 反転跨道橋の導入による全方向への自由な走行

からさらに直進跨道橋を越えて直進すれば右折の目的を達するし，折り返し車は，右折後に右側の反転跨道橋も利用して再度 U ターンし，最後に左折すればよい。

なおこの図は，左右対称である。このため，南進車や東進車の走行経路は，向きだけを異にするが同形のため，省略してある。

この立体交差点は，車に対してあらゆる方向へのノンストップ走行を可能とするとともに，歩行者交通に対しても車から完全に隔離された安全な通路を確保して提供するため，多様な機能を備えた立体交差構造物となっている。図 27 に，その詳細を部分的に拡大し，平面図と縦断面図で示す。

すなわち直進跨道橋は，従来の車専用とする"陸橋"と外見は似ているけれども，車道が上下に立体状に交差しただけという単純なものではなくて，構造体の内部もくまなく利用している構造であり，さらに反転跨道橋の立体構造ともうまく連係させている。

図 28 は，交差点における車が，信号制御を受けることなしに進行方向を自由に選んで走行し続けることができるという車線経路について説明している。図 28 の上図は，直進と右折経路を示したもので，前に示した鳥瞰図や構造図などから容易に理解していただけ

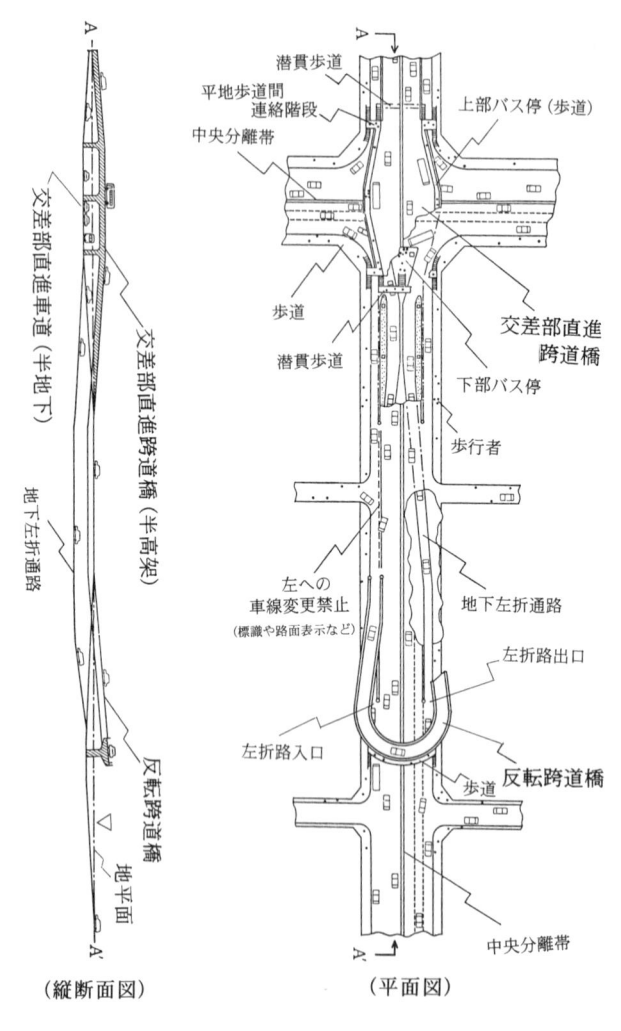

図 27 反転部を備えた完全な立体交差の構造を示す詳細図

46 第 1 章 平地幹線街路の近代化

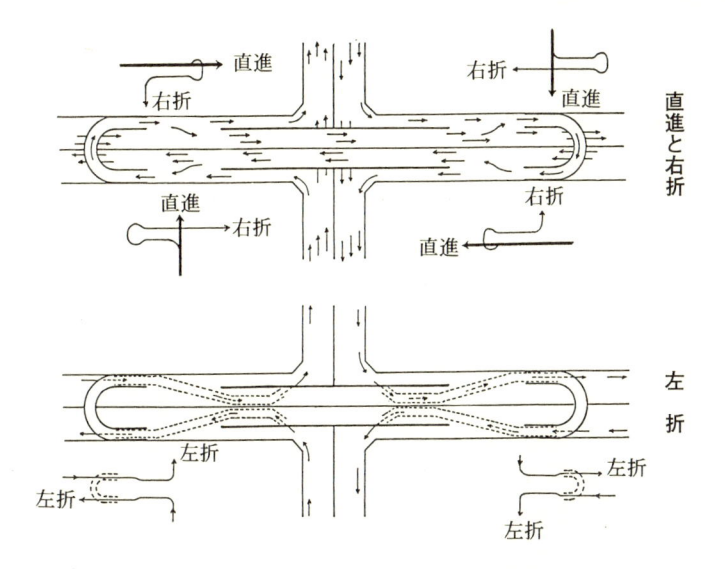

図 28 完全な立体交差における車の方向別進路

ると思う。また下図は，特殊な経路となる左折通路を示したものであり，以下の説明は図 27 と見比べながらお読みいただきたい。

まず，立体交差構造物が設けられている側の幹線街路から左折しようとする車は，最も左側車線 (後述の低速転進車線) に移ってから反転跨道橋の真下に開口する左折路入り口を介して"地下左折通路"へと侵入し，そのまま地下通路を進行して，交差部では半地下状で下を潜り抜けている側の幹線街路の"低速転進車線"へと出て，左折の目的を達する。

また交差部で半地下状に下を潜り抜けている側の幹線街路から左折しようとする車は，その逆の経路として，まず低速転進車線に移行してから直進跨道橋の真下に開口する"地下左折通路"へと左折しながら侵入し，そのまま進行して左側の反転跨道橋の直下の"左折路の出口"から，交差部構造物のある幹線街路の低速転進車線へ

と脱出して左折の目的を果たすことができる。

左折のためのこのような経路は，交差構造物を有する側の幹線街路6車線全幅を無駄なく有効に活用させ，街路上に構造物 (この場合は反転跨道橋) による死角を生じさせないようにしている。このことによって，反転跨道橋を経由する右折経路と，地下通路を経由する左折経路とが，上下2層の立体構成となることから無駄な空間が排除され，直進部交差の立体化構成と併せて，車相互に対する完全な立体交差化が実現できるのである。

さてここで，直進跨道橋などによる立体交差をより一層完璧なものにするために，それを補佐するためのこのような特異な形状の反転跨道橋が，現実の街路に対して，果たしてうまく納まるかどうかが問題となる。

このことに関しては，「道路構造令」[8] という政令があって，道路構築に関する技術的な一般基準 (原則) を詳細に分類し規定している。

まず道路の区分については，令第3条で表2のように，第1種から第4種までが区分されている。

表2 道路の区分 (道路構造令第3条)

道路の種類	道路の存する地域 地方部	都市部
高速自動車国道及び自動車専用道路	第1種	第2種
その他の道路	第3種	第4種

各種類別道路は，それぞれ1日ごとの交通車両台数を見込んだ計画交通量と，道路がある地形や市街化の程度に応じて第1級から第4級に細分類されている。すなわち，本書の対象道路は，高速自動車専用道路ではない「その他の道路」であって，都市部を中心に地方部にも至る第3種〜第4種に属する道路ということになる。

また一方，道路の全幅 (幅員) は，通行する車両のサイズと走行

させる速度 (設計速度) および歩道や路肩や中央分離帯などの必要付属施設と，その地域の交通需要から見た車線数の多少によって決められている。そしてこれらの要件は，直線的か否かなどの幾何構造上の線形で条件が良ければ 80 km/h を超える速度で安全に走行可能ともされるが，統一尺度として道路交通法に基づき公安委員会が行う交通規制 (第 4 条) があり，そこの道路では標識等により最高速度が指定されているかまたは政令で定められている。この政令で定めるという高速道路以外の一般道路の最高速度は通常，幹線道でも自動車は 60 km/h とされているようである。

また「道路構造令」にはそれの「施行規則」があって，その第 1 条において，道路を新設したり改築する場合における道路構造の一般的技術的基準を定めている。これは，「道路法」に定められている交通の安全と円滑性の原則を実現させるための具体的な一般技術基準とされるものであり，歩道，車道や車線，中央帯，設計速度などの用語とその内容などが示されている。

道路を使用する自動車の種類と形状は極めて多様であるが，"設計車両"としては，小型，普通，セミトレーラーの 3 車種に分類される。そのうちの主要な寸法の一部のみを掲げたのが表 3 であるが，その要所は，"反転跨道橋"が成立するか否かを決める車両の最小回転半径である。そして特に問題となるのは，極めて特異な形状となる "反転跨道橋" が，十分にこれら大多数の車両の回転走行性能に対応して反転走行を全うさせ得るか，かつ同時に，主要な幹線

表 3 道路の設計の基礎とする自動車の種類 (道路構造令第 3 条)

設計車両 / 諸元 (m)	長さ	幅	高さ	最小回転半径
小型自動車	4.7	1.7	2.0	6
普通自動車 (トラック，バス等)	12.0	2.5	3.8	12
セミトレーラー (連結車)	16.5	2.5	3.8	12

街路の幅員の中に反転部をうまく構築することが可能か否かの"納まり具合"である。

　日本道路協会の「道路構造令解説」による道路の機能分類では，①主要幹線道路，②幹線道路，③補助幹線道路，④その他の道路，に分けられている。ここで対象となるのは，①主要幹線道路であって，さらにこれから高架状の高速自動車道を除いた，主要な一般国道や主要地方道である。そして，この分類の解説で主要幹線道路の標準幅員として掲げられている二つの都市部6車線道路としてのA地域（全幅員50 m）と，B地域（全幅員40 m）とのうち，狭い幅員のB地域における6車線幹線道路の横断面図を図29に掲載する。A地域とB地域の全幅員での相違点は，植樹帯を含めた"歩道幅"の違いのみであり，3.5 mを1車線標準幅として往復6車線を構成する"車道"（3車線10.5 m）や，"停車帯"とか"中央帯"など車交通に関係する幅員は，どちらも全く同じである。

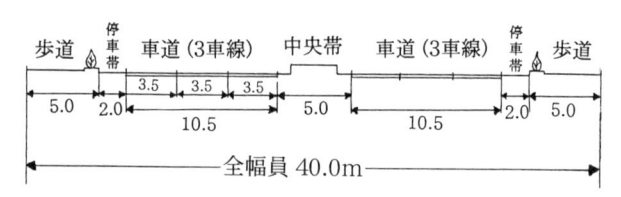

図29 全幅員40 mで6車線の標準主要幹線道路の横断構成
(道路構造令の解説と運用より)

　このような6車線の標準幅員道路に，ここでいう"反転跨道橋"を配置すると図30のようになる。この図における反転跨道橋の反転車道部の曲線半径は，幹線街路全幅における中心線上から15 mであり，「道路構造令」第15条の曲線部規定で最も低速である設計速度20 km/hの範囲に納まる。

　また反転部は，走行車の向きを180度にも変えさせる半円形の曲線状車線であるから，当然のことながら適切な片勾配を付けると

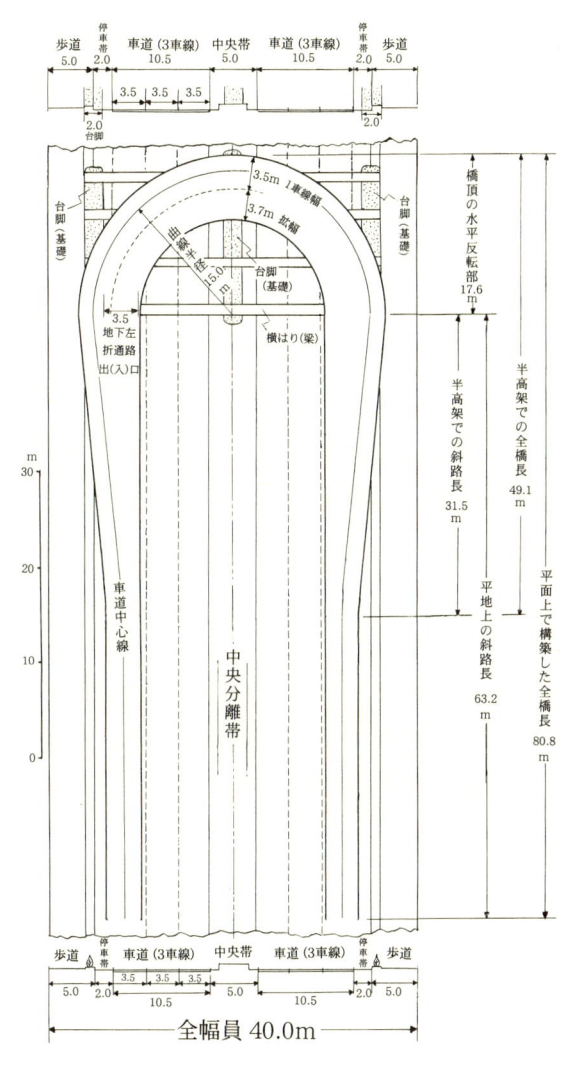

図30 主要幹線の6車線街路に納まる反転跨道橋の詳細図

第6節　反転跨道橋の補佐で完全な立体交差化を実現

ともに，方向変換走行によって生ずる車両の"内輪差"をクリアーするための"曲線部の内側拡幅"を必要とする．図では表3の，車長12m，車幅が2.5mの普通自動車(トラック，バスおよびセミトレーラーなど)の最小回転半径12mをカバーできる内側への必要拡幅分と余裕分として合計3.7mとしたが，これはあくまで例示であって，たまにしか通過しない超大型トレーラーなどについては，地元産業の実情などを考慮して協議して，さらなる拡幅については構築時に特別に検討して決めればよい．しかし一般には，「道路構造令解説と運用書」の道路横断面構成要素の種類および幅員として掲げられている「標準横断構成図」に基づいてつくられた主要幹線道路をベースとすればよい．標準構成の場合には，6車線の幹線街路ならば，新たに用地を買収することなしに，ほとんどの幹線街路に反転跨道橋の建設が可能である．

そして都市部や地方各地には極めて多く存在する主要幹線街路の幅員が往復4車線と狭い場合であっても，次のようにして反転機能を導入した完全な立体交差化は可能である．——すなわち，反転跨道橋を取り付けるその出入り口となるところで，道路の幅員を両側に1車線分ずつ拡幅して跨道橋を取り付け，本線車線との間で分流や合流をスムーズに行うための移行車線に必要な若干の用地を取得する——ことにより，4車線の場合であっても，反転跨道橋を備えた完全な立体交差点が構築できる．

反転跨道橋を取り付ける場所の選定についてはかなりの融通性があり，車が安全に合流や分流できるスペースが確保されさえすれば，交差点の位置から離れた随意の位置に構築することができる．4車線幅しかない地方などの主要幹線道路においても，その沿道で拡幅用地の選択取得に際して，交差部から好適な距離の位置での拡幅のための用地買収の難しいときや，取り壊し困難な建造物などがあっても，それらの場所を避けながら，取り付けはどこにでも自由

な位置での選択で実行することができる。すなわち、反転部のあるところまで走行し、さらにその頂上へまで登っての180度の転向を求められても、疲労を知らないエンジンで走る車は、少々の遠回りや坂道を登ってもなんということもない。また、反転に伴う排気ガスについても、平面交差点の赤信号でせき止められたたくさんの車のアイドリングによる燃料の無駄使いや、有害な大量の排気ガスによる大気汚染を考えると、少数の右折車両などによる反転部での通常走行での排気ガス量はものの数ではないだろう。

　先にも述べたように、交差部では、半高架と半地下となるように上下に譲り合って立体交差させるのが最善であり、乗り越える側の跨道橋部を直進部でも反転部でもそのような姿で建設すると、高架部分の高さが抑えられ、市街に与える圧迫感が低下するばかりか、跨道橋長や歩行者のための階段を短くすることができる。

　図30では、半高架と半地下とで立体交差させた場合と、平地面上に単純に反転部を構築した場合とにおける橋長を比較している。例えば、仮に傾斜路の勾配(縦断勾配)を9.5％とすると、下側車道上の潜り抜け通過ができる"建築限界"が「道路構造令」で4.5 mとされていることから、跨道橋を支える横梁や橋桁などの厚みを1.5 mと仮定すると、下側車道から跨道橋上の車道面との高低差は6 mとなる。橋長の比較では、この高さへと車を昇降させるための勾配から計算した場合の、傾斜路長を含めた全橋長を仮定した。

　このように交差部は、半地下と半高架状に交差させるのは理想であるけれども、"環七通り"のように、すでに直進跨道橋部が陸橋などとしてでき上がっているところでは、上下に譲り合う、さらなる交差工事は費用がかかって難しいので、地平面上に単純に設置する"反転跨道橋"のみを一対付加建設すればよい。これだけでかなり完全に近い信号機全廃の立体交差が実現する。

7節 歩行者の歩行能率向上と安全確保

　交差点におけるこのような車の完全な立体交差の推進に際しては，歩行者交通についても安全と効率が同時に満たされなければ，市街地における実用できる施設とはなり得ない。

　このことについては，図25の鳥瞰図と，図27の平面図とを，今度は"歩道通路の構成"としての観点から再度眺めていただきたい。

　直進跨道橋の中央部分は，下側幹線街路上の空間に両側へと膨らんで1車線分拡幅した姿をしているが，その膨らみの両外端縁を歩道としながら上部バス停を形成する"歩道付き陸橋"の構成としている。

　一方，この直進跨道橋の下を潜る側の幹線街路には，その直下で低速転進車線からこれもまたその両側に1車線分ずつ膨らませて下部バス停を設けてある。このバス停後方には螺旋階段や将来的には簡易なエレベーターなどを設置して直進跨道橋の中層を潜り抜ける"潜貫歩道"へと連絡させて，歩行者の上下交通を助ける。この"潜貫歩道"はさらに上部バス停の双方側にも連絡できるようになっている。また，上部バス停の歩道から傾斜路で下がってくるあたりから，横外方へ張り出すように設けた昇降階段などを介し，交差点を囲むように街区の四隅の街路上の一般歩道にも連絡させている。

　このようにすれば直進跨道橋における歩行者通路の連絡は車道と完全に隔離される。幹線街路が交差する大きい交差点においても，車道と同じ平面を通行することで生ずる歩行者の危険は排除され，図31に示すように歩行者は，安全でかつ最短距離を結ぶ歩道回廊を通ってどの方向へも自由に往来できる(図の打点部)。

　そして歩行者にとってさらに好都合なことに，双方向行きのバス

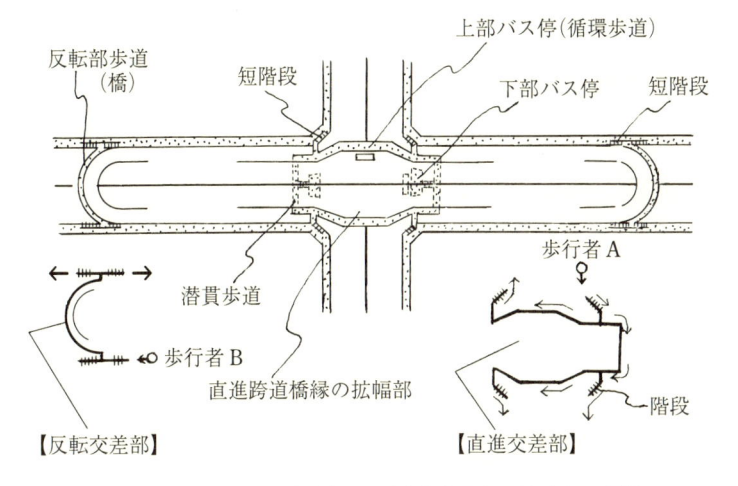

図 31 歩行者通路も完全な立体交差化が実現 (打点部が歩道)

停が交差点の中央部にあるため、どの街区からも到達しやすく、また乗換にも大変便利となる。また、図中に右下に描き添えた小図は、一人の歩行者 A が、直進跨道橋の歩道回廊を利用する場合の通路系統を示したものである。また左下の小図は、歩行者 B が、反転跨道橋に付属させた横断歩道橋を介して、対岸歩道へ容易に達する往来経路を示している。

交差構造物は、半高架と半地下状に構成されるのが理想の姿である。この場合には、外周の街区歩道からこの歩道回廊への昇降階段が短くなり歩行交通の労力が低減できるし、交差点の中央部に位置する路線バス停留所への到達も容易になる。

以上のようにして歩行者交通は、路線バスの活用による機動力を与えられるとともに、車道交通と完全に分離されて、安全性も大幅に向上することになる。

第 7 節 歩行者の歩行能率向上と安全確保

8節 幹線街路のノンストップ走行で高機能都市へ

　市街地の主要幹線街路の交差点において，信号制御を全廃した完全な立体交差化を実現させていくためには，幹線全長にわたってその使い方に思いきった変革を必要とする。なぜなら，立体交差点の直進部において，車がせっかくノンストップ走行で高速度で通過することができても，その後で信号機付き平面交差点の赤信号に引っ掛かってすべての車線が停車させられる現在の幹線の構成では，車の高度な機能が十分に発揮されないからである。そのような不合理は全国の至るところの幹線街路に存在していて，それはまさに"現代文明の死角"と呼ぶにふさわしい。

　反転部を備えること等によって完全な立体交差化が実現して都市機能の向上が果たされるためには，これまで述べてきたような交差点の改良と同時に，幹線街路の全長にわたってその中央分離帯を，人も車も出入や横断することができない連続した遮蔽的障害構成とする必要がある。

　「道路構造令の解説と運用」においては，幹線道路からそれと交差する別方向の幹線や，多くの側道との間での"出入制限についての項目"があって，(a)から(e)に至る五つの図解によって解説がなされている。そのうち(a)と(b)の二つの基本例は自動車専用の高架構造となる高速道路を指すもので，一般街区や交差する一般道との間に出入りができない構成であり，本題とは直接に関係はない。

　ここで，一般幹線街路などとして問題になるのは残りの3種類の場合である。後ろの方から述べると，(e)は側道や他の幹線道路とはすべて平面で交差し，主要な交差箇所はおおむね信号機付きとなることだろうが，道路は相互にどこでも自由に通行することができ

(a) 完全出入制限

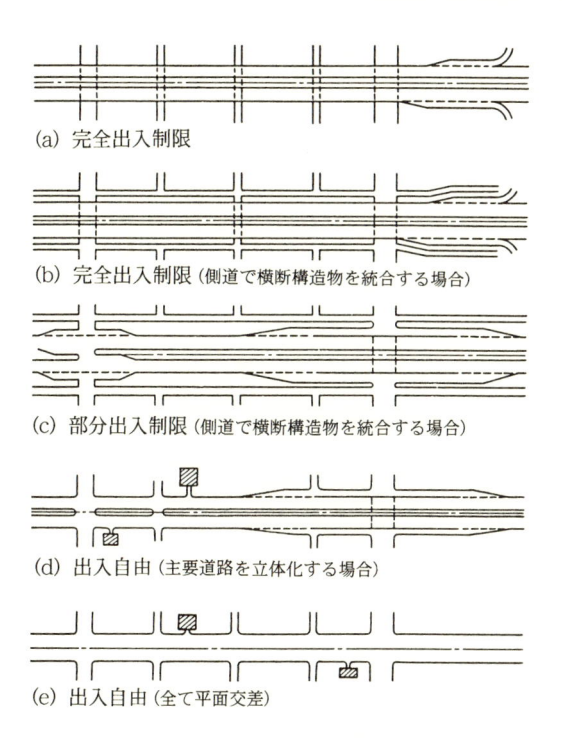

(b) 完全出入制限 (側道で横断構造物を統合する場合)

(c) 部分出入制限 (側道で横断構造物を統合する場合)

(d) 出入自由 (主要道路を立体化する場合)

(e) 出入自由 (全て平面交差)

図 32 幹線道における出入制限の種類 (道路構造令の解説より)

る"自由出入"の幹線街路である。これは大量の車が直進走行する幹線としてはあまり好ましくない姿ながら，全国に最も多く存在する普通の街路構成である。またその上図の (d) は，"出入自由"でありながら，主要な幹線との交差点部分ではダイヤモンド形立体交差とされている要所部分だけが制限のある自由出入方式である。前述の"環七通り"はまさにこの様式で運用されていて，東京など現在のほとんどの大都市で構築され運用されているで中核的幹線街路といえる。

そして中央図の (c) は，(a) や (b) の高速道に似ており，大部分

は出入りができない車の専用に近い道路でありながら，部分的に平面交差を許容した"部分出入制限"というタイプである。この場合，幹線を快適にノンストップで走行している途中で，すべての車線に対して同時に赤信号がともり，停車を余儀なくされてしまう。

このように (c)～(e) において出入制限をしたり，しなかったりするということは，直角に交差する他のすべての道路との関係において，幹線側から見て他の道路とのかかわりを横断的に考えて処理しようとしていることにほかならない。そして (a)～(b) における中途出入りを完全に認めない自動車専用の高速道路についても，横断しようとするすべての他方向の交通を完全に無視できるようにするために，連続立体橋による高架式としたものであり，その発想点は上記すべてが等しく横断的な考えに基づいていることには変わりはない。

これに対し，ここで述べているような，幹線街路交差部を反転跨道橋を介在させた立体交差構造としながら同時に，人も車も横断できない構造のどこまでも連続した中央分離帯の構成とすることは，幹線街路を速度別と用途別とした縦断的な考えで処理しようとするものである。すなわち，最左側には側道や街区に自由に出入りできる"低速転進車線"を設け，中央分離帯寄りの最右側には，どこまでもノンストップで高速走行ができる"高速ノンストップ車線"を設置している。そして両車線の間には，走行速度を異にする両側車線の間を中継する"中速遷移車線"とすることは前述したとおりである。

このように幹線街路を車線別に縦断的に取り扱い，完全な立体交差とする手法は，「道路構造令」における (a)～(e) のどれにも該当しない幹線街路の新しい使用法となる。しかし使用法が該当しないからといっても，現行の「道路構造令」から大きく逸脱したものであってはならない。すなわち，現在供用されている幹線街路の規格

に当てはめてその範囲内で構築が実現され，同時にまた現在の「道路交通法」の最高速度制限などの定めに従って走行できるということが，実用化するための大前提となる。けれども交差点の構造や幹線街路の使用方法については，ここで示したような車社会を最適にするための改革がなされるからには，両法令において，より一層進歩したものへと改善されることが必定となることであろう。

現在ある街路での車の走行速度は，「道路交通法」[9] により "最高速度" として厳しく規定されている。すなわち，同法第 22 条①で，「車両は，道路標識等によりその最高速度が指定されている道路においてはその最高速度を，その他の道路においては政令で定める最高速度をこえる速度で進行してはならならない」とされており，ここでの政令で定める速度は，「道路交通法施行令」第 11 条で，政令で定める自動車の最高速度は 60 km/h と定められている。解説資料によると，ここにいう最高速度は平均速度ではなく，例えば追い越しに際して一瞬であっても制限速度を超えた場合には 22 条違反となる厳しいものであり，しかも運転者は自分が走行中の道路の最高速度はあらかじめ知っておく義務があって，不注意で知らなかったとの言い訳は通用せずに "罪" となる。そしてその罰則は，6 ヶ月以下の懲役または 10 万円以下の罰金が課せられ，知らなかったなどの過失での違反行為でも 3 ヶ月以下の禁固または 10 万円以下の罰金が課せられるということである。しかし，これはあくまで摘発された場合の公の理由であり，処罰が実施された場合の公的内容であって，実情は取り締まり側の人手不足のため摘発は十分ではなく，直線的区間など線形の良い道路では，"60 km/h" と表示されていても，大多数の車が現実には 70 km/h ほどで走行しているのが普通である。また，スポーツカーに乗った若者などは，見かけの速度で優に 90〜110 km/h も出し，右や左へと車線変更を重ねながら 70 km/h の普通速度の車を次々と追い越していく。

"追い越し行為"そのものは禁止されていないけれども,「道路交通法」ではこと細かく規定されており,追い越す車も,追い越される車にも,必守義務規定がある。またこの"法"とその解説によると,第20条①"車両通行帯"で,車両は道路の左側端から数えて1番目の車両通行帯を通行しなければならない。そして3以上の車両通行帯が設けられているときには,政令で定めるところにより,その最も右側の車両通行帯以外の車両通行帯を通行することができると規定しており,さらに③では,追い越しをするときには,その通行している車両通行帯の直近の右側の車両通行帯を通行しなければならない,と罰則まで設けている。

　すなわち,センターライン(中央分離帯)寄りの通行帯は追い越し車線として空けておくように規定され罰則も設けられているが,60〜70 km/hで走行している車を追い越そうとすれば,少なくとも80 km/h程度の加速を必要とするから,それだけで法的には違反行為となる。しかし現実にはいろいろな状況があり,例えば前車のようすがおかしくて,ハンドル操作が右に左にと揺れ動いているようならば,危険を避けるために早々と追い抜いてしまう方が安全といえるかもしれない。

　法規では,相反する行為を別の条文では条件付きで容認するなどややこしい場面も存在する。例えば上記条文では,複数車線があれば最も左側の通行帯(車線)を走行せよと規定しておきながら,交差点で右折しようとする車は,あらかじめ道路の中央(右側車線)に寄って,交差点ではその中心の直近を徐行……と規定されていて,法文を読みながら運転するとすれば,誠にやっかいである。

　「道路交通法」は,道路における危険を防止し,その他の交通の安全と円滑を図り,および道路の交通に起因する障害の防止に資することを目的(第1条)として昭和35年(1960)に制定施行され,また「道路構造令」は「道路法」(昭和27年)の規定に基づき,道

路を新設し，または改築する場合における道路の構造の一般的技術基準を定めるとして，昭和 45 年 (1970) に制定施行されたものであり，道路の通行を快適でかつ安全なものとさせるための道路の建造の根幹を規定する法として，バイブル的存在として現在に至っている。——本書で示した提案は，今までにはなかった視点から自動車交通の問題を取り上げ，交通体系の根幹に変更を迫る要素をはらんでいる。このため，結果的にはまさにこの "聖域" をも犯しかねないことは承知している。

　高性能の車を保有し，高架の高速道路では 100 km/h 以上の高速走行で楽々と駆け抜けることができたのに，平地の一般幹線街路では最高でも 60 km/h に規制され，それ以上の速度で走行できるような新しい規格で構築された道路環境の状況であっても，速度オーバーすると速度違反事件として検挙の対象となる。—— このような交通に関連する国法は，現在は道路構造の見地から，交通安全のために全国一律に適用されている。すなわち，局所的な道路の改良があってもそのことは考慮せずに，全国のすべてをカバーできる規制の網をかぶせているわけであるが，もし道路側に格段の進歩や発達がもたらされれば，法の改正も当然起こり得ることであろう。

　しかし現実の社会に目を向けると，車の方は，高度な品質を保持しながらおびただしい量が生産供給され，しかもその取得費用は多くの人々にとって手の届く域にまで低下してきて，車に対する我々の要望はほぼ満たされている。他方，その受け皿となる道路側では，その構造や構成に起因する幾多の交通問題が絶えることなく発生し，交通事故の毎年の犠牲者数は，戦争で失われる人命を上まわるとする説もある。

　ここで誰かが立ち上がってその矛盾について注意を喚起しなければ，矛盾はいつまでも解消されないままで年月は容赦なく経過していき，死ななくてもすんだはずの人達の生命が際限もなく無駄に失

われていく。これが現在の発達した文明社会に見られる悲しい現実である。

ところが，完全な立体交差点を擁する 6 車線となる幹線街路 (ここまで述べてきたように，直進跨道橋に反転跨道橋を補佐せしめて信号制御を全廃し，相互幹線の中央分離帯を横断できない構成とする。図 25 参照) にすれば，"法" の規定から大きく逸脱せずに，これら各車線の実際の走行速度を大局的に守ることができる。

以下では，このことを，自らの車での走行体験などに基づき提案してみたい。

まず，"低速転進車線" の走行速度は 20〜40 km/h (反転部 20 km)，"中速遷移車線" は 40〜60 km/h，"高速ノンストップ車線" は 70 km/h 程度とするのが適当と考えるがいかがなものだろうか。

往復 8 車線ともなる超広幅の主要幹線道ならば，増設される最内側となるノンストップ高速車線には，80 km/h の実現も夢ではない。交通事故の要因とその発生件数の割合については，第 5 節 (33 頁以降) において詳しく述べてきたが，モータリゼーションの到来で車が走りやすいように特別設計され専用道路として構築された高速道路での事故数は，全事故の 2.4 % と極めて少ない。これは図 15 (34 頁) でも説明した。

そしてその高速道路上の事故 2.4 % のうち，75 % は追突事故であり，本件が実用化した場合に運転上で主たる活用操作となる車線変更を伴う "追い越し" や "追い抜き" 事故は，図 16 のように実際は微々たるものであり，図 17 でも "最高速度違反" "車間距離不保持" "進路変更禁止違反" などはわずかである。そして高速道路における事故発生時での運転者側の原因とされる違反の大部分は，"前方不注意" とか "動静不注視" とか "運転操作不適" など，高速で走行している者にとって絶対に怠ってはならない当然の注意義務違反

が大部分を占める。

また一般道路における事故についても，図24 (41頁) に示したが，車線変更を伴う"追い越し・すれ違い"による事故はわずかに0.9％である。本提案では，幹線街路を速度別に縦断的に区分けすることで，他車との関係が"車線変更"と"合流と分流"とに限られる立体交差での通行となるから，事故が少なくて走行も容易となる新交通体系が出現するであろう。

ただし本提案には，今までにはなかった"反転跨道橋"や"左折のための地下通路"の存在などがあるので，そこを通過するための新たな操作技術を習得する必要がある。しかしこれも，今までより一層の利便性と安全性が得られる新しい車社会において，車を効率よく走らせ，安全に操縦するための基本技能と考えれば大した負担ではないだろう。反転跨道橋の通行や，快適で早く安全に目的地へと達するノンストップ車線の利用，さらにまた速度別となる走行車線の上手な使い方等は，21世紀の都市に生活し，そこを出入りする誰もがあまねく習得し熟練しておくべき基礎的な技能とするわけである。

このように完全な立体交差点と，ノンストップで高速走行が確保された高機能都市では，その利用方法にも新基軸の導入を必要とするが，一般幹線街路で信号制御なしのノンストップ車線ができてそこを快適に走行できるとすれば，どれほど効率的に早く目的地に到達できることだろうか。そこでは，赤信号で何度も停車させられることはなく，反対方向からの車や，進路を横断しようとする他方向幹線からの直進車や右左折車，さらには歩行者などとの相互関係において，安全確保に多大の神経を使う煩わしさからも解放される。このことがどんなに素晴らしいか，是非とも体験的な走行実験をしてみる必要がある。

しかし高速走行には「道路交通法」の厳しい規定があり，高架の

高速道路では 80 km/h は当たり前のことながら，一般幹線街路では，途中で横断できないように中央分離帯が連続して設けられていて，かつ最高速度違反で摘発されることなしに 70〜80 km/h で走行実験ができるような場所は，今まではほとんどなかった。ところが最近，私宅からほど近いところに，8 km ほどの短距離ながら，出入りのできない連続した中央分離帯と似た構成を持つ区間が実際に出現した。

　その一つは，大阪府が近代的な理想の住宅都市として開発し堺市に移管した泉北ニュータウンにある。ここでは，三つの大ブロックに分かれた住宅地域を一つの街としてまとめるために，中核的な幹線街路である"泉北1号線〜泉北中央線"がニュータウン内を貫通している。

　この街路は，往復4車線ながら緑地帯などをふんだんに取り入れた高品位の幹線道路である。その中央分離帯に相当する位置には泉北高速鉄道の線路があり，"深井駅"から3駅目の"光明池駅"までの間，8 km の道路には交通信号機が全くない。また，この幹線街路が鉄道線路を"踏切"などとして横断(右折)するところなどもないうえに，その経路は起伏に富んだ丘陵地形を高架とか掘割となって通っているので，交差する他の幹線道や側道とは巧まずして立体交差状となっている。まさに連続した中央分離帯と同じ役目を鉄道敷地が果たしていることになる。

　写真8は，その幹線街路の一部である片方車線側を中心に，車の走行状況を日中の比較的空いた時間帯に撮影したものである。各車両は法令で示される規定に添って，鉄道線路寄りで最内側となる車線を"追い越し用"として空けた状態で，行儀よく走行している。この状況は交通規則がよく守られた模範例として紹介できるけれども，道路の利用効率の立場から見ると，はなはだ無駄の多い交通形態と見ることもできる。もっとも朝夕のラッシュアワーとなるとこ

んな余裕はなくなる。どの車線にも空きがなくなって、走行する車の列でいっぱいに埋めつくされる。特に、この区間の終点となる両端側の手前では、その向こう側に存在するたくさんの交通信号でせき止められる影響で、この優良幹線上にまで延々と渋滞車で溢れかえってしまうのが実情である。

復路2車線

鉄道線路

往路2車線

写真 8 鉄道敷を中央分離帯とする新型幹線道 (堺市泉北中央線)

走行実験は、この実際の一般幹線街路上を、時速 70〜80 km で一度だけ試走して行った。実験の方法と測定データは次のとおりであった。

走行実験の目的は、本提案で示したノンストップ高速走行の実証であるので、秒まで表示できる時計および 25 000 分の 1 縮尺の都市地図を携えて、車載の速度計と走行距離計を見ながら 70 km/h と 80 km/h の走行速度で 8.3 km 区間を走行して、所要時間を調べてみた。[3]

---

[3] 供試車種は 1 590 cc, ホンダ車 (コンチェルト)

走行速度を 70 km/h とする場合は，写真のように左側車線を一列になって走行している車列間に割り込んで一緒に走行したが，そのとき車載の速度計は常にほぼ 70 km を指示していた。このような走行環境の良い道路では，70 km/h は普通の走行速度のように感じられ，それよりも遅い 60 km/h での法定速度ではかなり低速走行のように思われた。すなわち，この実験に先立って実際に 60 km/h で左車線を 1.5 km ほど走行してみたが，他車にとっては迷惑な遅い速度であるようで，追い付いてくる後続車は次々と右の追い越し車線に出て追い越していき，私の後ろについて 60 km/h で走る車は 1 台も現れなかった。

　次いで 80 km/h の走行テストであるが，上記法令によればこの程度では最高速度違反となるようだけれども，ずっと以前にこの道路で検問が実施されていたときに，たまたま自車が，数台の他車とともに追い越し車線を走行していた。そのときの車速はおそらく 80 km/h 程度に達していたと思われたが，検挙の対象とはならなかった。

　このことについては「道路交通法の解説」によると，行政処分の基礎点数は 25 km 毎時以上 30 km 未満のときは 3 点と，30 km 毎時以上……と罰則が決められているようであり，私の場合は反則ぎりぎりの紙一重の状態であったものと推察される。そしてその後でもこの道路で，偶然に車列の中を走行するパトカーを追い越したことがあり"ひやっ"としたが，自車の走行速度を正確に 80 km/h を厳守していたこともあって摘発は免れた。そんなことで，この幹線道での追い越し速度を地元警察署へ行って聞いてみたところ，正規では速度違反となるものの，厳密に 80 km/h 以内をキープしていれば摘発の対象には至らない軽度のものとみなされる，との感触を得た。現に毎日この道路では，左車線は 60〜70 km/h 程度，右側の追い越し車線は 70〜80 km/h かそれ以上と見られる車速で，た

くさんの車が使用している。

そこで次の80 km/h 走行実験は、スタートから最終地点に至るまでを、すべて"追い越し車線"を連続追い越しとして走行し、他車と同じに80 km/h を厳守しながら、8.3 km の全長にわたって連続して試走した。

以上の結果を表4に示す。70 km/h では所要時間は7分36秒であり、80 km/h では6分33秒と短縮された。

表4　幹線街路のノンストップ車線と普通車線とでの走行比較

走行街路	実走距離	走行方法	走行速度	所要時間
泉北1号〜中央線 (南行き往路のみ使用)	8.3 km	ノンストップ (左車線)	70 km/h	7分36秒
	8.3 km	ノンストップ (追越用右車線)	80 km/h	6分33秒
大阪中央環状線 (東行き真中車線)	8.3 km	普通の走行	他車の速度に合わせて	13分11秒

このデータを通常の場合と比較するために、大阪ではトップクラスの主要一般幹線街路である"大阪中央環状線"で、同じ8.3 km の距離を走ってみることにした。走行経路は高架状の高速道路によって頭上が覆われていない区間を選び、その道路における通常の速度で走行して所要時間を測ることにした。——堺市内の安井町を起点として東進し、松原市のロータリー直前までの8.3 km について往復6車線となっているこの幹線街路を、赤信号に会えば停車し、他車の車速に合せながらその流れに乗って走行した。その間ノンストップで通過できた立体交差は3ヶ所あり、信号機付きの平面交差点20ヶ所のうち、赤信号での停車は5ヶ所であり、全所要時間は13分11秒もかかった。写真9はこの6車線の幹線道路の情景である。

このことにより、もしここに反転構成で補佐された完全な立体交

写真 9 往復 6 車線となる大阪中央環状線 (堺市黒土南付近)

差点とともにノンストップ車線を備えた幹線街路が整備されていて，そこを 70〜80 km/h の高速走行ができれば，従来の可能な限り青信号で優先走行ができるように組まれた府下屈指の優良幹線街路の通行時よりもはるかに速く，その半分程度の時間で目的地に達することができることがわかった．さらに特に優良とされていない普通の一般幹線街路の場合には，もっと多くの時間を要していると考えられる．幹線における信号制御式交通システムが，車社会における移動能率をいかに大きく阻害し，同時に交通事故をも多発させていて，間違いなく近代の都市活動の足枷となっていることを実感させられる結果であった．

以上のことより，一般幹線街路においても，信号制御を受けない構造となっている場合がどんなに走行効率が良いかがわかる．また先に掲げた交通事故調査データにおいて，車のために走りやすいように特別につくられた高速道路では事故がいかに少ないかを見ても，このことはうなづける．

すなわち，一般幹線でも運転操作が容易でかつ走行効率の良い道路構成とすることが何よりまず必要なのである。前後左右における他車の動きや歩行者の存在に同時に気を配ることを少なくし，速度を異にする車線別に，注意を必要とする方向を一方的に単純化させ，分流や合流に際しての"車線変更"や，車速を異にする車線相互間の"追い抜き，追い越し"など，進行方向が同じで，緩やかな加速と減速を伴いながらもわずかにハンドルを切るという操作だけでおおよその目的を達成させるような運転のできることが，運転操作を安全容易にし，目的地点へ早く到達することを可能にし，同時に事故防止にも大いに貢献することになる。

9節 高機能街路の効果的利用は街全体を眺めた活用で

ここまで述べてきた平面交差点の立体化と幹線街路のノンストップ化が果たされた状況でも,これらを効果的に上手に利用するには少々の知恵を要する。

それは街全体を見渡した状態で,立体交差の構造とその位置について正確に知っておくことである。

街全体が,直進跨道橋と反転跨道橋を擁する完全な立体交差化を実現した幹線街路網で成立しているとすれば,道に迷ってもこれら立体構造物を介して何度でも走行のやり直しが効く。しかし,それは不馴れな外来者の一度きりの試行錯誤としたい。

図33は,幹線街路が格子状に直交したような都市中心部を模式的に描いたものである。幹線相互の交差部はすべて直進跨道橋と反転跨道橋により完全な立体交差化が果たされているとする。この図にはO, R, P, Q, S, Tの街区のそれぞれの位置関係を示してあり,地図と同じように上を北とする。

ここで例えば街区Pの中心部を"起点"として,街区Qの中心部へ行きたい場合を考える。

通常の信号付き平面交差点ばかりで構成される従来の一般の市街では,準幹線街路を街区Qの方向に真直ぐに東進して南北幹線街路に到り,そこを青色信号の表示で横断する最短距離での進行で目的地に達する。

これに対して反転部を擁する完全な立体交差の幹線街路で構成される場合には次のようになる。目的とする街区Qの方角へと進んで幹線に出ると,連続して設けられた中央分離帯に遮られて横断直進はできない。そのため,幹線車道を北上し,立体交差点で左折し

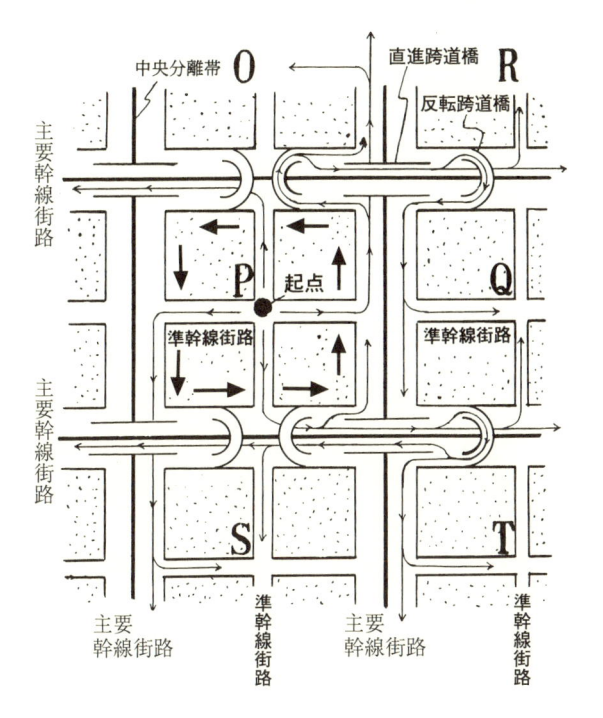

図中のラベル: 中央分離帯, O, 直進跨道橋, R, 反転跨道橋, 主要幹線街路, P 起点, Q, 準幹線街路, 準幹線街路, 主要幹線街路, S, T, 主要幹線街路, 準幹線街路, 主要幹線街路, 準幹線街路

図33 幹線交差のすべてを立体化した市街地街路網の模式図

ながら左側の反転跨道橋で反転状にまず右折を完了して,それから直進跨道橋を越えたその向こう側にある反転跨道橋で再び反転した後の左折と,さらに準幹線への左折を実行する。こうすれば,目的地のQ街区には間違いなく到達することはできる。しかし,その経路は長く複雑となる。

　この場合に,最初から市街における幹線街路と交差部の位置関係を頭に入れておけば事情は改善される。すなわち,街区Qの方向に向かって直接東進するのではなくて,まず南進してその南側を東西に走る幹線に出て東進するのである。こうすれば,直進跨道橋を

第9節　高機能街路の効果的利用は街全体を眺めた活用で

1回越えるだけで，街区 Q に達する準幹線道の入り口に速くかつ容易に達することができるのである．

左側通行を原則とするわが国では，外周する車道はすべて"反時計回り"ですべての出口に接しているから，そのことを頭に入れておくと，"起点"からどの方向に始動すれば最も効率よく目的地に達することができるかを判断できる．幹線街路で四周を取り囲まれた街区 P だけを取り上げると——街区 O に行くには，東進して幹線へ出てから北上し，直進跨道橋を潜り抜ければよく，街区 R には，東進後に北上し，左側の反転部を経由してから直進跨道橋を越えればよい．また街区 S へ行くには，西進してから幹線に出て南下すればよく，街区 T に行くには，南進して東西幹線に出て東進し，直進跨道橋を越えてからその向こうにある反転部を経由してから左折すればよい．

一般的には，隣接街区へは行きやすく，対角位置の街区へは少々手数が掛かるけれども，あらゆる方向へ自由に走行を全うすることができるのである．特に，この立体交差方式は構成が規則的でかつ簡潔なため認識しやすく，反転跨道橋が手前から見えていなくても，標識などでその開口方向や交差点の構成に対する進路が図解などで示されていれば，その全容を容易に理解することができるので，どの方向に転進すればよいかの予測が容易にできる．

10節 反転機能を使わない超大型車の臨時走行経路

図29で示したように，往復6車線に納まる反転跨道橋の採用により，小型車はもちろんのこと大型車からセミトレーラーに至る通常走行するほとんどの自動車の通行が可能となる。しかし，車種や搬送荷物によってはこの規格内に納まらない場合も生じてくる。すなわちこの場合の規格とは，車道幅3.5m，建築限界の高さ4.5mで，カーブ箇所での安全走行を含めてその荷を乗せた輸送車体の全長はセミトレーラーでも16.5m以内であって，それ以上となる大型貨物を積載した輸送体などの場合については，別に考えておかなければならない。

通常は大型構造体となる物体は造船ドッグのように，海や大河の河口付近の工場で製造されて，直接船積みされるか，海面に浮かせてタグボートなどで曳航されて輸送されるが，製造工場の立地や使用場所の関係で陸送されることがある。

時折テレビニュースなどで放映されるのを見る限り，道路での特殊な大型荷物の搬送例は，鉄道車両などが多いようである。長大な新幹線の車両などが，深夜に大勢の人たちによってそろりそろりと運ばれる。新幹線の基本寸法[10]は，車体幅3.38m，屋根までの車高4m，車体長24.5mである。ただし，車高に関しては路上陸送の場合は，車輪の部分である台車は取り外されているから，高さはもう少し低くなる。

しかし最近，縮小ができない超巨大荷物の陸送が報じられた。それはわが国の人工衛星打ち上げのための純国産のH–IIAロケットの陸送であった。H–IIAロケットは組み立て完成時の全長は53mもあり，第2段以上の先端部分や第1段メインエンジンや固体ロ

ケットのブースターを別送するとしても，まだかなりの長さがある。問題は第 1 段ロケット本体の直径がなんと 4 m もあることであった。これを載せる台車の高さも見込むと，「道路構造令」の建築限界の 4.5 m に達してしまう恐れがある。深夜のテレビ中継では，すべての交通をストップして，大勢の警備員などを動員するとともに，街中にある交通信号機をすべてを 90 度回して横向きとしなければ通れない，という大掛かりな作業が報じられていた。もちろん，こういう大物の陸送は滅多にない。また，製造工場と積み出し港との経路関係は事前によくわかっており，搬送経路上における立体交差構造物の建造寸法は，その必要性に照らしてあらかじめ設計しておくこともできる。

一般的な幹線道路では，常時は「道路構造令」による道路の設計基礎とする表 3 に掲げたほとんどの車種が支障なく通行できればよいが，時には特別な大型荷物や特殊な形状の大型車両などが通行できるだけの機能はあらかじめ備えておく必要がある。そして公道としての性格から，交通渋滞を引き起こさない深夜に限って，上記のような臨時処置を講じながらでも，輸送のための通行を行うのである。

そこで次に，直進跨道橋とそれに対する反転跨道橋の協調によって成り立つ本提案の標準的な配置と，それに関連する運用における，特別な大型車の使用方法について述べたい。だが，その前に，まだ説明していない一般車の通行に重要となる規制要件をここでしっかりと明示しておかなければならない。

それは，図 25 や図 27 の平面図でも明らかなように，直進跨道橋の出入り口と反転跨道橋の出入り口とが，一定の距離を隔てて配置されていることである。この間の領域は，往復の車線のそれぞれについて存在するが，幹線街路の交差構造物領域において全幅員と同じ平面状になっている場所である。この領域は構造物などの形とし

ては何も見えないけれども (仮に"分合流域"と称しておく)，立体交差の機能を果たすためには欠くことのできない重要な役目を担っている。

それは交差するどちらの幹線街路からの右折車も必ず反転跨道橋を経由する必要があり，幹線の車道上で大きく180度向きを変えたその後の経路は──①反対側幹線の"中速遷移車線"へと合流して直進する。そしていま一つは，②反転部経由後にそのまま直進して，潜り抜けている下方幹線側の"低速転進車線"に左折して入っていく──という二つの正式経路がある。

しかしこの"分合流域"では，"中速遷移車線"と反転部を経由した"低速転進車線"とが同じ平面で接することから，この場所で交通混雑を招くような隣接車線を"出たり入ったり"する無秩序な走行状態は何としても避けねばならない。すなわち，交差構造物のある幹線道を交差点へと向かって走行してきた左折希望車が，反転跨道橋の真下に開口する左折用の地下通路へと入らずに，"中速遷移車線"を走行しながら"分合流域"でいきなり左側へと寄って，反転部を経由してきた車線に合流して左折走行を完了しようとする事態の生ずる恐れがある。こうなると"分合流域"は出る車と入る車が混在して交通流は錯綜し，事故を招く"織込み区間"を生じさせてしまう。

そこでこのような混雑によるトラブルを起こさせないようにするため，反転部の出口を出た車の走行経路は上記①，②の二つのみとし，左折用地下通路を利用せずに"分合流域"で左折しようとする横着な車を厳しく規制して排除しなければならない。それには標識や道路表示で明確に示すとともに，物理的な障害物も設けてそこでの左折走行ができにくくする必要がある。図34はそのような障害物の形状と設置方法 (方向) を示したものであり，これを"整流誘導突起"と称しておくことにする。

第10節　反転機能を使わない超大型車の臨時走行経路

上記①の経路を進む車の場合，この"突起"は，反転跨道橋出口から出た車が本線の"中速遷移車線"へと右に車線変更しながら合流しようとする走行行動に対しては，ほとんど影響を及ぼさないように車の進行に縦方向に設置されるので，どれか一つの"整流誘導突起"を跨ぐようにして"中速遷移車線"へと合流して出ていける。車体が衝撃を受けることもほとんどない。また，もしそのとき片側車輪が"整流誘導突起"に乗り上げて走行しても，図のように緩やかに上昇する峰を経由してから元の平面に戻るから車体に対する衝撃はほとんど感じられずに，かすかな車体傾斜だけで経過して不快感となるまでには至らない。

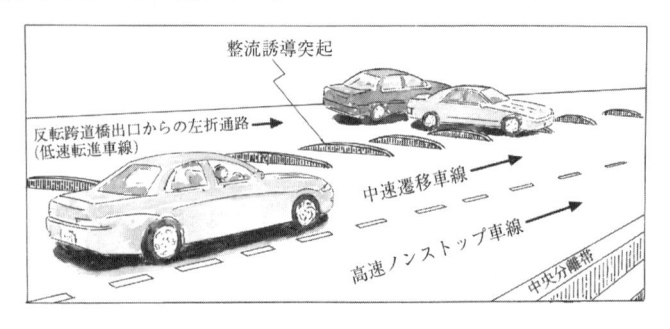

図 34　整流誘導突起の形状と配置状況 (一般車の通常走行時)

ところがもしここに，左折用に設けられた地下通路を通らずに，"中速遷移車線"からいきなり"分合流域"で左折しようとする横着なルール違反車が現れたとする。この違反車に対しては，いくつもの"突起"が直角に当面するような配置となっているから，この場所で速度が十分にあるうちに強引に左折しようとすると車のタイヤを激しく上下動させられ，とっさに強くブレーキを踏まざるを得ない。しかし速度さえ十分に落とせば，硬質ゴム製でつくられたこの"突起"は車体にも運転者にも損傷を与えることは少ない。また極低速とすることによって，反転部から出てきた他車とのトラブルも

少なくてすむ。したがって，一度"突起"による不快な衝撃を体験すると，再度この経路を通過することはなくなることであろう。

これと同じ"整流誘導突起"は反対側車線の反転跨道橋の入り口の"分合流域"の場所にも配置しておく必要がある。ここでは"中速遷移車線"から分流して反転部へと導くこととなる右折車の走行を誘導するため，図35に示すように，本線に対する傾斜設置方向は逆向きとなる。なお突起の高さは常用車の実寸を調べて決める。

図35は，一般車が通行する通常時の場合における"整流誘導突起"の取り付け方向を示したものであるが，このすぐ後で述べる特別サイズの荷物やそれらを搭載した超大型トレーラーを，このような立体交差構造物で構築された交差点を通過させるには，あらかじめ若干の工夫を講じておく必要がある。これについては図35に表現してある。

それは"整流誘導突起"を着脱自在となる構造とし，また"中央分離帯の直進跨道橋直下部分"も着脱自在な構造とすることと，さらに必要に応じて，"平地歩道間連絡階段"も着脱自在としておくことである。こうすれば，反転機能を使わないでも，特大荷物を積載した超大型トレーラーの右折と左折の走行が，交通量が少なくなる深夜において，臨時の警備員などの誘導によって可能となる。

超大型トレーラーでも，4.5 m の建築限界を潜り抜けられれば，これらの立体交差構造物からなる幹線道の直進走行は，2車線同時使用により問題なく実現できるが，反転跨道橋や左折用地下通路を通過できる一般車の場合とは違って，右折や左折の走行は困難となる場合が生じてくる。図35の太い矢印線で示す走行経路は，そのような困難な転進を希望する車でも目的を達成できる構成を示したものである。信号機なしの完全な立体交差点といえども，深夜などに臨時警備員などによる誘導さえ行えば通過が可能になるという万能性能は一応備えておく必要がある。

第10節　反転機能を使わない超大型車の臨時走行経路

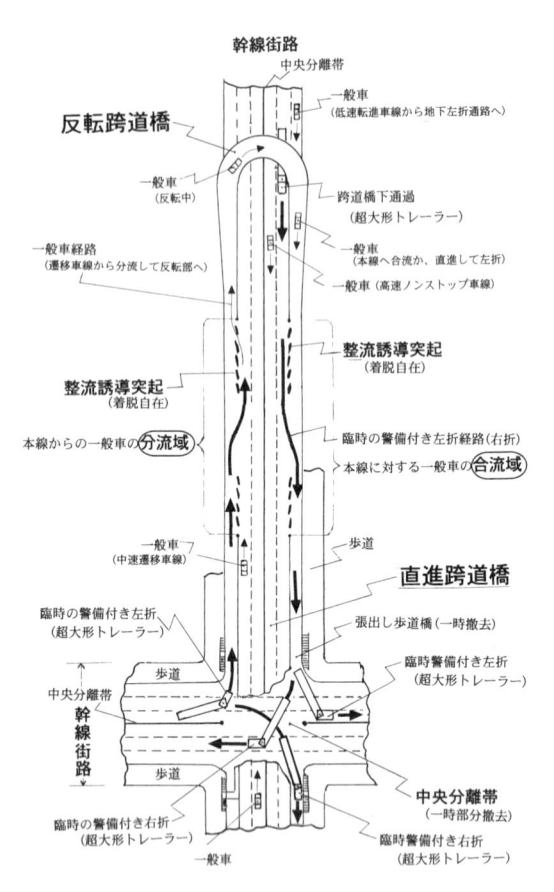

図 35 一般車の常時経路と超大型トレーラーの臨時経路

図 35 では，北 (上部) より "中速遷移車線" を南進し，反転跨道橋下を潜り抜けた超大型トレーラーが "分合流域" に差し掛かると，あらかじめ職員によって着脱自在の "整流誘導突起" が取り払われたところを左に車線変更して "低速転進車線" へ移動し，"直進跨道橋" 下を潜り抜けてきた幹線側の "高速ノンストップ車線" へと転

78　　第 1 章　平地幹線街路の近代化

進して左折の目的を達する。また，この経路で進んできた超大型トレーラーに対して，職員があらかじめ潜り抜け幹線側の着脱自在の"中央分離帯"の一部を撤去しておくと，トレーラーはそのまま前進してから下幹線の向こう側にある"中速遷移車線"へと右折させられる。

　一方，潜り抜け幹線側より左折するには，一般車の一時通行止めされた"高速ノンストップ車線"で低速にまで減速しながらゆっくりと，一般車の反転跨道橋への通路を左折して北上し，反転橋の手前で，前述と同様に職員の誘導によりあらかじめ撤去された"整流誘導突起"のあったところを右へと車線変更しながら，上側乗り越え幹線の"中速遷移車線"へと移行して左折の目的を果たす。さらにまた潜り抜け幹線側からの右折の場合は，上記のように一時撤去された"中央分離帯"のところを利用して右側反転橋の方向へと右折南進し，同様に一時撤去された"整流誘導突起"のあったところを通過して上側幹線の"中速遷移車線"等へと車線変更しながら移行して，右折の目的を達成させる。

　図35では，右折，左折する際の直進跨道橋の両側に添う通路が狭そうに見える。しかしこの図では，本来あるべき車道両側の停車帯2m分を省略して描いてあるので，超大型トレーラーの通行には支障はきたさないものと考えられる。なおここでは，反転橋や地下左折通路の通行を困難とする超大型トレーラーについての臨時通路について述べてきたが，この露天通路は，消防車や特別救急車などの超緊急出動車等のためにも活用することができるし，時には大地震や，市街への航空機の墜落等の緊急事態に対処する避難など，特別通路としての役割も果たし得る。要は一方式だけの限定された通路としてだけしか使用できないのではなく，複数の通行方法に対処できる機能を備えた大動脈としての主要幹線であらねばならないということである。

11節 反転跨道橋だけによる完全な立体交差方法

　都市における主要幹線街路が相互に交差する交差点は，直進跨道橋と反転跨道橋との連係によって，交通信号機を撤廃した完全な立体交差点が出現できることを説明してきた。そして中央分離帯をどこまでも連続した構成とすることによって，高速でノンストップ走行が可能となる高能率の交通体系をもたらすことも判明したが，そのことのために，幹線交差点と次の幹線交差点の間の部分では，今までの信号式平面交差点方式では，信号制御は受けるものの，幹線街路を横断してその向こう側の街区とは容易に往来できていたのに，新方式では，横断できない中央分離帯のために対岸の街区との間は絶縁状態となる不満が生ずる恐れがある。すなわち，主要幹線の交差部以外では，反対車線を含む対岸へと人も車も往来できないという懸念が生ずる。その状態は先に示した図33のとおりであって，この図の"準幹線街路"が主要幹線のところで行き止まりとなる構成はまさにその問題をはらんでいる。狭い道幅の側道や生活道路からの交通は幹線車道へと出るときには，反時計回りとなる左折方法のみで幹線へと合流するのはよいとしても，往復4車線で全幅員25mもあって路線バスも通っているような，その地域にとって

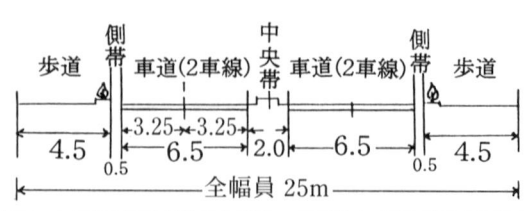

図36 4車線の標準幅準幹線道路の横断構成 (道路構造令解説と運用)

重要な"準幹線道"の場合は，その行く手を遮るような構成では，地域の発展に悪影響をも及ぼしかねない，という指摘が当然起こってくることであろう。

そこでここに，直進跨道橋などの大掛かりな設備を使用しなくても，簡易な複数の反転跨道橋だけで，"準幹線"からの直進交通も，また右折車や左折車も信号制御を受けずに，いつでも自由に"完全な立体交差状に"さばくことができる方法のあることを示す。

図37はその概念図であり，"準幹線"のある方向へ開口部を向けた二つの反転跨道橋によって成り立っている。

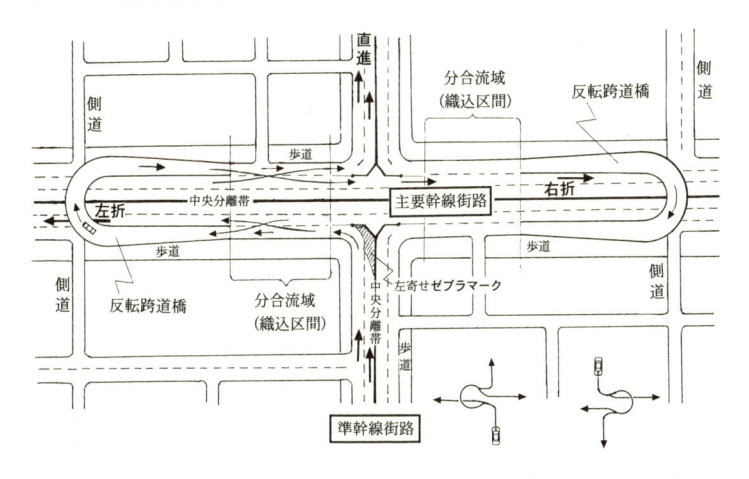

図37 反転跨道橋のみによる準幹線からの横断直進と右左折の自由性

この場合，反転跨道橋の出入り口は，主要幹線の"低速転進車線"の上につくられるが，主要幹線の"高速"と"中速"のノンストップ車線の機能はそのままに維持される。そして"準幹線"側では主要幹線に出入りするところで"左寄せゼブラマーク"によって，往復4車線の各方向別2車線がそれぞれ半分の1車線ずつに絞り込まれ

て，主要幹線の"低速転進車線"に接続される。この車線はその正面が反転跨道橋の入り口となっているから，"準幹線"から主要幹線を横断してそのまま直進したいという車は，この経路で反転跨道橋を越えてから左折すれば直進の目的を果たすことができる。そして右折や左折は，図の矢印で示した走行経路のように，それぞれの希望の方向へと容易に転進は達成させられる。ただしこの場合，先に述べたような本格的な立体交差構造物における専用の左折地下通路などが構築できない。このため"準幹線"と反転橋との間に"織込み区間"を生じさせてしまうというやむを得ない問題点は残る。しかしこの区間での混雑は，"低速転進車線"上でのみ処理できるから，それほど支障は生じないと思われる。

一方，準幹線が主要幹線に突き当たるところにおいては，局部的に拡大表示した図 38 で示されるように，歩行者交通にとって安全と効率を重視した"地下の歩道系統"をもたらすことができる。

すなわち，準幹線から主要幹線への接続ルートとなる車道は，"ゼブラマーク"によって絞られて一本車線となるが，歩道の隅角部を少し削った状態で斜めに逆八の字状に開いて通過させ，その真下へ歩道の両サイドから降下してくる歩行者用階段を導いて"地下横断歩道"を構築し，"準幹線"の対岸歩道を相互に連絡せしめる。そして，この連絡地下通路の中途から"主要幹線"の下を潜り抜ける"メインの地下横断歩道"を構築して，向こう側の地下横断歩道に連絡させる。これにより歩行者は，どの方角の歩道からも地下連絡通路を通って，最短距離で安全に往来できるようになる。

そしてまた，主要幹線の両側の停車帯のスペースを利用しながら準幹線寄りに，図のように路線バスの停留所を設けるが，上述の逆八の字状に開いた連絡車道の間には，車長 12 m の路線バスが発着できるように納めることができる。

このバス停は，準幹線の中央帯の延長の上の端に逆三角形状に設

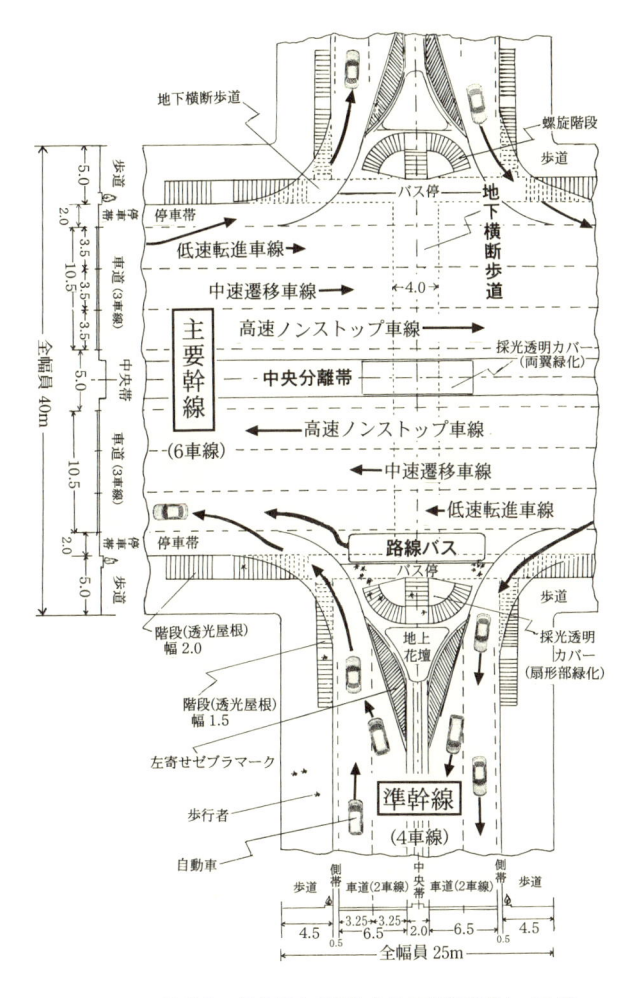

図 38 準幹線道の接続部を利用した地下横断歩道とバス停

第 11 節　反転跨道橋だけによる完全な立体交差方法

けられた交通導流島としてつくられるが，前述の地下横断歩道との間に，図のように直線階段および螺旋階段で結ばれ，分岐した螺旋階段の上端は，それぞれ路線バスの前出口および後部入口と対応させている。

そして上記の準幹線におけるゼブラマークの対岸歩道あたりに，準幹線を走行する路線バスの停留所を設けると，階段とその地下道を介して，主要幹線走行の路線バスとの乗換を容易にかつ安全に行えるので，バスを利用しての歩行者交通の機動力を支える重要な施設ともなり得る。

なお，この地下歩道に関連するすべての階段はその大部分が露天下にあるため，採光できる透明なガラスとかアクリル板などによる雨除け屋根のカバーを必要とするが，螺旋階段の内側の扇形部分は植物による緑化斜面とすれば，地下歩道両端正面に光を浴びて輝く緑の茎葉や色とりどりの咲く花々が美しく，また，メイン地下道の中央分離帯直下部分にも採光できる透明屋根を被覆し，暗い殺風景な地下道の中間地点で自然光を取り入れ，この両翼も緑化すると，良い環境の地下通路となる。そして準幹線の中央帯の頭端でバス停昇降階段の手前には，大きな地上花壇も設けられる。

12節 渋滞の元凶,多枝交差点の信号制御を解消

　交差点の姿は,三枝と四枝状が最も多くて一般的である。ただし,最多交通流の方向はそれぞれの街の道路によって異なり,直進的方向の交通が必ずしもいつも最大であるとは限らない。

　このことにより,直進跨道橋と反転跨道橋の配置を異にする場面も生じてくるが,三枝交差点では図39のような姿が,また四枝交差点の変型としては,図40の姿などが考えられる。

　ところが最近になって,車交通の要望と土木建設技術の向上により,新しい高規格の幹線道路が各地に出現するようになってきた。そのようなケースでは,旧道とは各所で交差する場面が生じてくるが,新道路が既存旧道の三叉路地点を通過することになると五枝交差点が出現し,旧道の十字路地点を通過すれば,六枝交差点が容易に出現することとなる。

　「道路構造令」第27条は,「道路は,駅前広場等特別の箇所を除き,同一箇所において同一平面で5以上交会させてはならない」と規定しており,これは既設の平面交差に,新設道路をさらに交差させるような計画は行ってはならないとするものであるが,その上で,路線選定上,他の要因との関係から,やむを得ず既設の平面交差箇所に新設道路を計画する場合には,既存道路の付け替え,整理などの計画を同時に立てることが必要である,ともされている。

　しかし現実には,付け替えのための用地取得の困難や,新道路の線形確保の問題などのために,条文どおりにはいかないことも起こり得る。そして実際,主要都市においては,多枝交差点はあちこちに存在している。写真10は東京都立川市錦町5にある日野橋交差点の五枝交差点であり,甲州街道(国道20号線)と奥多摩街道と

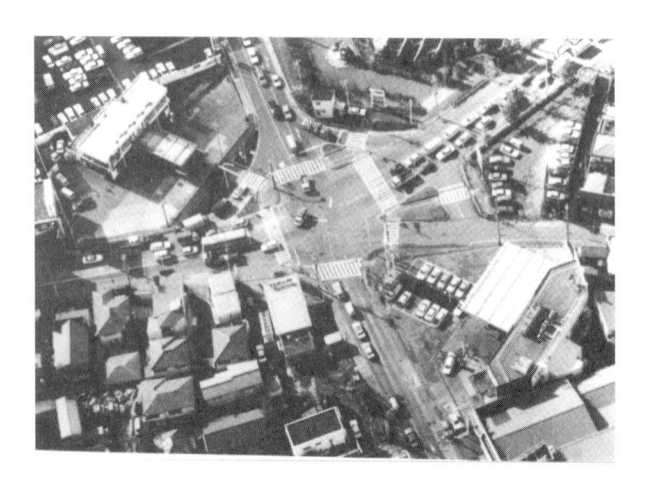

写真 10 立川市の日野橋五枝交差点の空撮
(鈴木敏雄[11]の著書による)

奥多摩バイパスおよび立川駅からの道路が交差しているところの空中写真である(鈴木敏雄の著書[11]による)。当初はロータリー方式であったというが信号整理方式に改められ,信号表示が5現示と多現示となり,交差点の交通容量が低下して交通渋滞が多発したため,苦心の改良を加えて交通事故数も半分以下に減らすことができたが,渋滞の完全な解消には到らなかったとのことである。

東京ではこのほか,本来多枝交差点となるところを主要幹線側を陸橋にして,煩雑な交通制御を軽減させているところがあちこちに存在する。たとえば足立区の大谷田陸橋(環七通り)とか,池袋六つ又陸橋(春日通り)などである。都心であって交通量が多く陸橋とする価値のあるところでの解決策であるが,少し都心から離れたところにある多枝交差点は,上記の日野橋交差点や大阪市西淀川区の歌島橋交差点などのように,あくまで平面交差のままでの改良策ということになる。

ところがここに述べてきたように，直進跨道橋に反転跨道橋で補佐する構成とすると，三枝交差から四枝交差点を含めた多枝交差に至るすべてを，信号機を全廃した完全な立体交差化として実現させることができる。

特に三枝交差点 (三叉路) は，どこにでも極めて多く存在する簡単な交差であるけれども，11〜13 頁でも述べてきたように，信号制御とすると，その進行方向にもよるが，普通の四枝交差点 (十字路) よりも停車時間を多く費やす場合があって，幹線交通にとって渋滞をもたらすネックとなっていることが少なくない。

図 39 は，そのような三枝交差点に反転跨道橋を介在させた，完全な立体交差化の事例である。T 字路 (A) のように 2 個の反転跨道橋の組み合わせだけで，その場所における完全な立体交差化が実現ができ，その姿は"準幹線道"との場合に似ている。また四枝交差点で，直角方向に交通量が多いという主要幹線がそこで曲がって交差しているような場合には，図 40 のように直進跨道橋を曲げて枝付きとして，反転跨道橋の設置位置はその場所の道路事情に応じて取り付ければ完全な立体交差点をつくることができる。

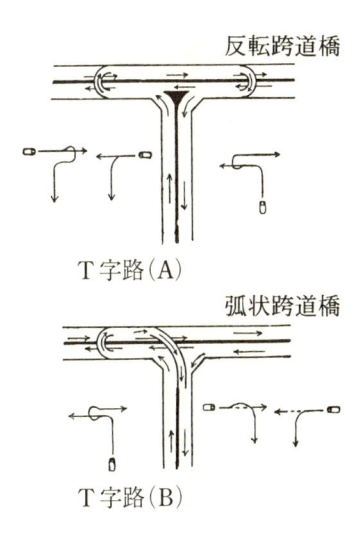

図 39 三枝交差点における完全な立体交差の 2 例

さらに五枝交差点は，次に掲げる六枝交差点から 1 枝を削除しただけのものであるから，図 41 をよく見てどの枝を除けばよいかは，実際の現場と見比べていただければすぐに判断できる。

変形十字路(a)

弧状直枝付跨道橋

変形十字路(b)

反転跨道橋

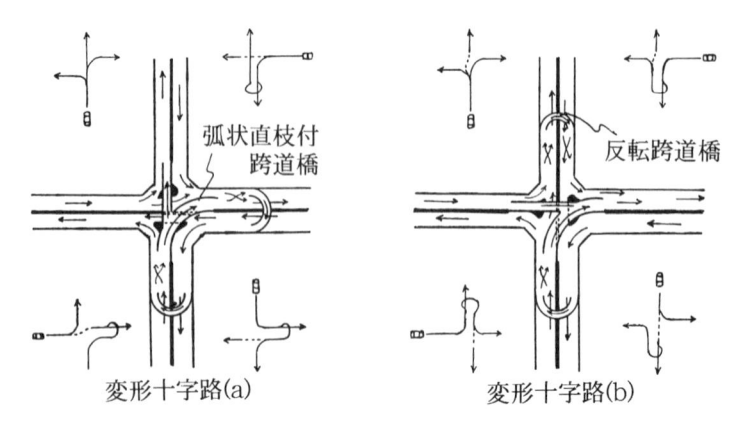

図40 交通量が片寄った四枝交差点の完全な立体交差の2例

反転跨道橋

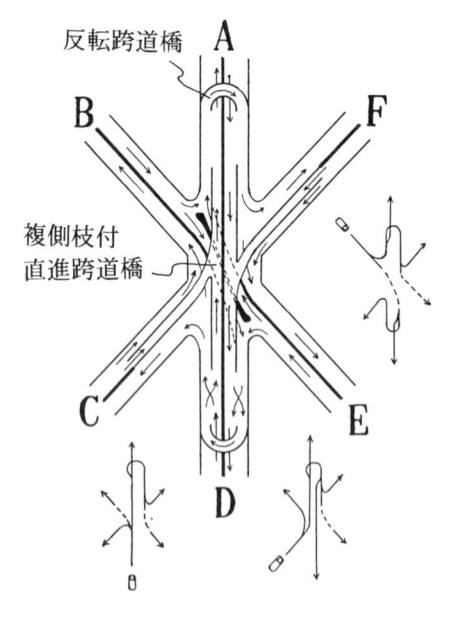

複側枝付直進跨道橋

図41 六枝交差点の完全な立体交差図

88　第1章　平地幹線街路の近代化

図は少々複雑になるが，その周辺に付属させた矢印付き進路図を参照しながら平面図をたどるとよくわかる。またこの図は左右対称であるため，3方向からの走行経路のみを示したが，省略した他の3方向からの経路は全く同じである。

　次に掲げる図42は，実際の街中では見ることのない八枝交差点の場合である。現実性には乏しいが，4個の反転部を要するもののパズルを解くようにその経路をたどっていただくと面白い。ここでは単に学術的見地から示したものであって，反転部で補佐するというこの方法を援用すれば，既成の市街地において，どんな交差点でも信号制御なしに自由に走行可能になることの例示である。

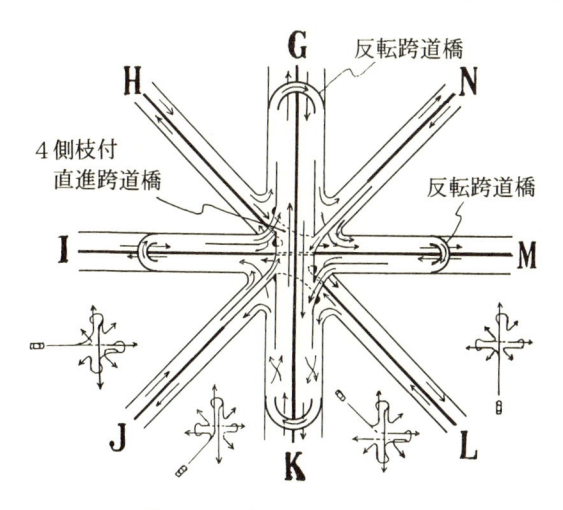

図42 八枝交差点の完全な立体交差

第12節　渋滞の元凶，多枝交差点の信号制御を解消

13節 21世紀の新都市への脱皮

　街の大小には関係なく，全国の都市の主要幹線街路の交差点に直進跨道橋と協力した反転機能を与えることができたとする。

　こうすると，今まで車の交通が断続的にしか使用できなかった平面交差点の信号機を全廃して，双方向に同時に連続して使用させる完全な立体交差を実現させることができる。この機能に合わせて，中央分離帯を平面的に横断できないように関連づけ，車線を縦断的に区分した使用方法とすれば，街中での平地道路であるにもかかわらずノンストップの高速車線が実現され，同時に沿道との間に出入りを自由とする機能をも付与させることができる。このように街路としての本来の機能を失うことなくあくまで維持しながら，その交差点では2倍もの交通量をさばくことが可能となり，車社会にとっては理想の幹線街路の構成をもたらす。

　そしてその効用は全国民にとって，より速く走行することによる消費時間の短縮のほか，アイドリングによる燃費などの無駄使いを改善させる効果もある。この結果，有害な窒素酸化物による排気ガスを減少させながら，炭酸ガスの排出も必要最小限度に抑制できる。これは，地球規模での温暖化防止に役立てようとする京都議定書の線に添うもので，その成果の違いは，実施前と後とで測定を行えば，数値として確実に立証することができるだろう。しかもこのアイドリングをなくすことは，何らかの規制などによって強制するのではなく，道路の構成の結果として自然に実行させることができる。この点は重要である。

　わが国では主要な大都市はもちろんのこと，全国津々浦々の自治体でも，そこに国道や府県道として幹線街路が通じていて，それら

の街路が地域の表通りとして機能していることが多い。したがって，信号不要で速く通過し到達できるというメリットは大きい。しかもそれが，市街地街路として出入り自由な機能をもちながら，歩行者交通の利便性と機動性に加えて安全性まで備えているのである。このような高機能な街路で街のメインストリートを構成する都市の発展は，21世紀の都市機能の充実と向上に貢献をすることは間違いない。

ところでこのことの実現には，"反転跨道橋"という今までにはなかった新しい構造物の出現を必要とする。

"橋"とは通常は川の上にその流れとは直角に架せられた歩道や車道のことであり，架設費用と通行目的から，最短距離で直線状に構築されるのが普通である。

ところがここで必要とされる"橋"は曲線橋であり，その曲線状態が60度とか90度というのではなく，180度の反転橋である。こういう姿の橋は，実用的には今まで存在しなかった。

したがって，その基礎構造や橋脚の位置にしろ，その上に架す橋桁の強度から見た安全な形状に関する実験データなどはもちろんなくて，工場における製造装置についても工夫してこれから新設していかねばならない。特に製造工場から現地への輸送に際しては，分割して搬送し現地で組み立てることとなるが，このような特殊形状橋の分割化については，その設計図すらまだどこにもない。

しかし，以上に述べた必要性が認められ，ひとたび使用が決まれば，その需要量は全国規模で短期間に莫大なものとなる。そうなれば，全国の道路の現状と，これからの新設道路の規格とを考慮して，そのサイズや強度などについては，それこそ各分野における現在の最高の知能を結集して設計図が描かれことになるだろう。そして，これに基づいて工場で大量生産された後に現場に運び込まれることになるにちがいない。

また，このような特殊な形状の橋を継続して大量生産するならば，それには一定の生産設備と生産行程のノウハウが必要となる。このため，初期に決定して取り組んだ企業が全国的シェアを征することだろうし，その間に必要とする技術の開発による特許出願も系統的に確保することができるであろう。そしてまた，このような生産設備や技術の蓄積と国際特許の確立は諸外国への独占輸出を可能として，わが国の技術立国としての地歩を確保し，その能力をも十二分に発揮することにつながると考えられる。

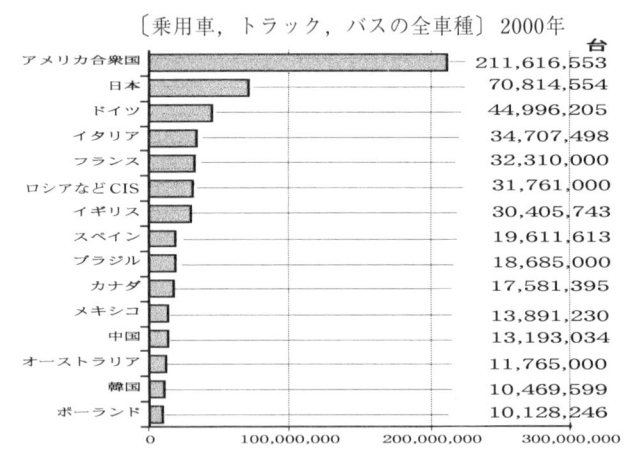

〔乗用車，トラック，バスの全車種〕2000年

国	台
アメリカ合衆国	211,616,553
日本	70,814,554
ドイツ	44,996,205
イタリア	34,707,498
フランス	32,310,000
ロシアなどCIS	31,761,000
イギリス	30,405,743
スペイン	19,611,613
ブラジル	18,685,000
カナダ	17,581,395
メキシコ	13,891,230
中国	13,193,034
オーストラリア	11,765,000
韓国	10,469,599
ポーランド	10,128,246

図 43　世界の主要国別での全自動車保有台数
(警視庁　平成 12 年版交通年鑑資料より抜粋)

　図 43 は，各国自動車工業会資料 "World Automotive Market Report"，IRF (International Road Federation；国際道路連合体) 等に基づく警視庁交通年鑑登載資料[12]レポートの一端で，車を 1000 万台以上を保有する国を掲げたグラフである。これによるとわが国は，アメリカに次いで世界第 2 位の車保有国であり，同時に

車の生産についても世界屈指の工業国であるという。広い国土のアメリカは別格であるが，この狭いわが国土に随分と多くの車が存在することに今さらながら驚きを禁じえない。わが国は今や車の先進大国であるが，かつてはアウトバーンや大陸横断高速道路など欧米の先進道路技術を見習って，"名神高速"や"東名高速道"をつくってきた。

しかし車の構造や機能に関して生産国であり，その保有台数についても世界の先達ともなりつつあるわが国が，肝心の大量の車を通すための街中を貫通する"幹線街路"の形態——特にその交差点についてはいまだに中世のままの姿であるといわざるを得ない（この事情は諸外国においても同様である）。

鉄道輸送では"新幹線"の開発など，世界に先駆けた成果を示したわが国も，車を走らせる"道"については，いまだ世界に先駆けた画期的な貢献はなしていない。

以上に述べたことは，これを打開するための解決方法の"芽"の提示である。すなわち，市街地のまっただ中の幹線道路を，交通量を倍増させながら快適な車の交通を根幹で支える新規格の街路として生まれ変わらせるための"特効薬"である。

そしてこの芽を育て上げることは，わが国の工業力と土木建設技術を結集すれば決して夢ではない。しかも，有用な車の交通路としての開発を世界に先駆けて達成することは，今まで狭い国土ながらも車生産とその活用によって見事に世界に貢献してきたわが国にふさわしい仕事でもある。わが国には，それを可能とするだけの技術力も工業力も保有している。車の生産だけでなく，車が通る道路にも高機能を果たさせるべき努力を傾注させ，世界の規範となる新しい道路の交通体系の確立が必要である。

それは車社会を築きあげた人類が，これからさらに享受するであろう利便性について，近未来へと托した道路の構造改革であり，都

市にとっては近代化を根底から実現して完結させるための，大改造の一端となるであろう。

都市は生き物のように常に進歩発展させていく必要がある。都市を生物にたとえると，その交通流は血流に相当し，そこに過去に制定した規制を積み重ねて身動きできないようにするのは，自分で自分の首をくくるのと同じであるといわざるを得ない。

21世紀へ歩を進めた今，活気に満ちた都市として生成発展させるためには，弾力的な法規制と運用によって，交通という血流をよどみのない清新な流れとして，将来に向かって形成していかねばならない。

第**2**章

歩行者交通の復権へ

1——車社会の到来で追い詰められた歩行者交通, *96*
2——2階を表通り歩道とする街並への移行, *100*
3——2階式立体歩道街を実現したい場所とは, *106*
4——車椅子の階段昇降手段の統一規格化, *112*

1節 車社会の到来で追い詰められた歩行者交通

もともと道とは,人の通る通路として生まれて自然発達してきたものである。後に騎馬や馬車,牛車などが登場し,わが国では江戸時代に二人で担ぐ駕篭が主要な交通用具となり,明治に入っては効率の良い一人でもひける人力車が歩行者の間を縫って走ったこともあった。そういう時代には道路はそれほど広くなくてもよく,走行経路が曲がりくねっていても,人馬が通れさえすれば,基本的には道本来の機能は果たされた。

ただしかし古代にあっても,たとえば平城京や平安京のように国家の威信と名誉にかけて造営された都市の道路は少し様相を異にする。首都機能を保つための都市計画は見事であって,道路の幅は広

図44 中世の道路交通 (歌川広重の浮世絵「滋賀県石部」)[13]

く直線状に作られ，正確な等間隔・格子状に設けられ直角に交差している。しかし，交通手段はあくまで人や家畜による歩行交通を前提として成り立っていたことには変わりない。

　ところが近代になり自動車が出現して，道路交通の様態は一変した。道路の大部分は車走行のために割り当てられ，"そこ退けそこ退け車が通る！"という式に歩行者は道路の両隅に追いやられてしまった。道路に歩行者専用の"歩道"が設けられていればよいが，道幅の狭い裏通りや生活通りなどでは"歩道"と"車道"との区別がないし，車道と同一平面の通りで単に白線を引いただけで路側(歩道)であることを示すにすぎない場合もある。こういう通りなどでは，両側の歩道部分いっぱいに寄せて駐停車する車が絶えないことから歩行者の通行がさまたげられ，歩行者が止まっている車を避けて車道側へはみ出し迂回したときに，後方から走行してきた車に接触されたり，はねられたりして，人身事故が起こる。車側から見れば，歩行者が突然に飛び出したように見えるが，歩行者にとっては駐停車の車が歩行通路の障害となった結果である。このような事故では，事故調査側は運転者と歩行者の不注意として処分してしまうことが一般的であり，駐停車していた車側は，"動いていなかった"ということで不問に付されるケースが多い。

　この駐停車が，事故の誘因であったことは間違いない事実である。しかしながら，事故さえ生じなければ何ということもないありふれた状況でもある。数限りない車の行動につき，不法駐車による事故がまったく起こらないように未然に取り締まることは，警察としては労力的に不可能に近い。駐停車に限らず，車は，歩行者よりも大きい図体で街中の街路をわが物顔に占有しながら走行しており，交通弱者の歩行者交通が極めて困難で不利な状況におかれていることについては，誰もがよく認めるところであろう。

└─ 歩道上の障害物

写真 11 歩道に置かれた障害物 (大阪市 日本橋, でんでんタウン)

　歩行者が自分の足で歩きながら, その一歩ごとに道路の変化に自在に対応できることを良いことにして, 的確な対応措置を取ることを怠り放置しているのが, 歩行者交通の現状である。そして歩行者専用の"歩道"が設けられていても, 写真 11 のように, 商店から排出される空ダンボール箱や廃棄商品などのゴミ, 自転車, 時には駐停車自動車の片側車輪の乗り上げ, また, そこの商店によるワゴンに乗せた商品棚のはみ出し陳列などが見られ, 歩行者交通に対して至る所で障害となる行為が平然と行われている。

　歩道上では歩行者の通行方向は特に区分されていないのが普通である。左側通行のわが国では, 人々はおおむね左側を歩行しようとする傾向はあるものの, 上述の障害物の存在や, 対向歩行者の乱れ通行や歩行速度の違いなどによって, 必ずしも整然とした交通流とはならず, 繁華街では特にこの傾向が強い。

　人間も動物であり, 多くの人々が関心をもって集まっているところには心が惹かれて自分もそこの仲間入りをしようとする。すなわ

ち，人込みで混雑しているところには"何か良いものでも"という心理が働いて首を突っ込みたくなるものだ。その人々の衝動圧が適度に向上すれば"街の賑わい"ともなり発展へとつながるが，歩道が狭くて，上記のように歩行の障害物が多かったりして歩道としての交通容量が十分でない場合には，せっかくの優良な商店街でありながら，集客力を存分に発揮できずにいる場合が見受けられる。このことは街路の構成が，車の進出で車本位となってしまった結果であり，その根底には，歩行者軽視の行政感覚があることを見過ごしてはならない。

2節 2階を表通り歩道とする街並への移行

　歩道は通常では車道と店舗との間にあって、歩行者はこの歩道を通りながら店舗に出入りして買い物や品定めを行う。ところが、店舗側も商品の搬出入の必要があり、また車利用客の大型商品積み込みなどもあって、店舗のすぐ前の車道に一定の時間、駐停車が必要となる場合が少なくない。こういう現実は、前述した歩道のない路側帯における不法駐停車の現象とよく似た姿をもたらしているが、店舗前の駐停車はその店にとっては不法停車というよりも営業活動として避けられない必要性から生じている。したがってそのような場合には、取締の対象にすると往々にして営業妨害などとして問題を生ずることがある。

　また、歩道に接する車線の最外側での駐停車は、十分な幅の停車帯が設けられていない場合には、車道の方にはみ出し、車道そのものの上に駐停車する格好となり、車の走行にとって著しい障害を与える。すなわち、両側で1車線ずつ公道が使用不能となることで、街路交通に著しい障害をもたらすことになる。そしてさらに、この道路が第1章で述べた反転橋を備えた完全立体交差の幹線街路であれば、"低速転進車線"の機能を完全に妨害して麻痺させてしまう結果ともなる。そこで、歩行者交通の復権として両側の歩行者用歩道をすべて2階式の立体歩道として車道から隔離すれば、すべて安全で自由に往来できる立体歩道となり、ここでの人身事故はほとんど解消する。

　図45は、そのような2階式歩道を従来歩道の上に2層状に装備した商店街における幹線街路の様子を示したイラストである。一言でいうならば、2階部分を表通りとする新しい街並の創出である。

1階歩道はスペースとしては当初は残すけれども，ほとんどの歩行者は安全でかつ歩行しやすい2階歩道部分へと移行してしまい，実質的に2階が表通りとなるのである。

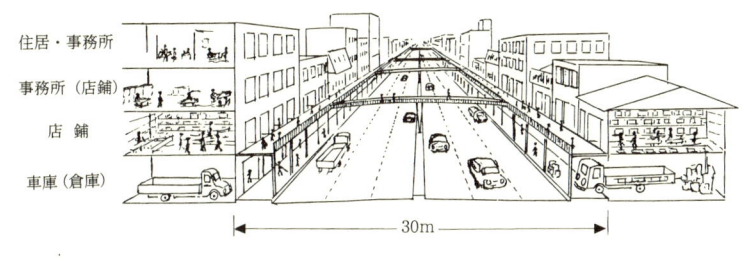

図45 2階式歩道を備えた沿道店舗の構成と街路景観

2階式歩道の設置においては，経過的に当初は1階での従来の店舗で営業することは自由である。しかし，商店の皆が2階部分を表通りとする店舗へ自主的な改造を始めると，競って改造が推進され，新しい商店街の街並へと整備されていくことだろう。国や市町村など道路管理者側は，2階式歩道を道路構造上で支障のない規格で防護柵を備えた"繁華街向け立体歩道"として公費で建造しておき，沿道商店側の改築や改造後の求めに応じて，いつでも当該防護柵の一部を取りはずして，店舗の2階部入り口に接続させる。その姿はちょうど開発宅地における水道管やガス管の供給基幹配管の構成に似ている。

ただしかし，問題がある。それは，現在の通常の町並で見られる個々の店舗の2階床面の高さがまちまちで，一定していないことである。さらに，道路構造令で規定されている車道面走行の車が潜り抜けられる高さ(建築限界)は，既設の歩道橋をサンプルにすると，その下面まで4.5mを必要とするので，この高さに合わせて2階式歩道を構築すると，構築される2階歩道面の方が高くなってしまうことである。そこで，ひとつの調整と工夫が必要となる。図45の

イラストでは，現在の歩道の上に2階式歩道を設け，対岸の2階式歩道との間をところどころで横断連絡するための歩道橋をストレートに架して全歩道が同一平面でスムーズに移行できるように描いている。これに対して，実際には横断するのに必要な歩道橋部分は，このイラスト図よりも少し高く作ることによって，横断連絡の歩道橋部分が道路構造令の要件をクリアする必要がある。

写真12は，後述する大阪市堺筋通りの日本橋商店街に掛けられている通常の横断歩道橋と，そこの現在の街並の一部を示したものである。右側商店街のアーケードは，工事中で骨組みだけであるが，雨除け排水のために道路側を高くして傾斜させてあり，建物側におけるアーケードの取り付け部分が，店舗2階部床とほぼ同じ高さのように見うけられる。一方，歩道橋と店舗の2階床との高さを比較すると，写真に示すように道路構造令に基づいて建造された既成の歩道橋の方が，階段の段数にして数段分程度は高いことがわかる。

このため，現在の両側歩道の真上に，店舗2階の平均的な床面高さに合わせてアーケードのような高さの2階式歩道を設けて上下2

写真12 現店舗の2階床と歩道橋の高さの相違 (大阪市 日本橋)

層の歩道とするだけの場合は問題ないが，対岸の2階式歩道との間を連絡するための横断歩道橋の部分や，車道でもある側道上を越えるための歩道部については，階段にして数段程度を登った高さで車道上を乗り越えるような構造として設置される必要がある。しかし将来，2階の歩道を横断歩道橋と同じ高さとして構築し，改築する店舗側の2階をその高さに合わせて改築させるのであれば，2階部における階段を全廃して，横断橋部を含めすべてを同一平面とすることができ，立体歩道の最高の構成となる。ただしこの場合には，店舗側に対し，改築で2階床面をかさ上げするなどの負担を強いるという問題点がある。

　また一方，1階の歩道は暫定的にそのまま残すことから，1階店舗での営業は続けることができる。この場合は改築費用も不要で，2階歩道がそのままアーケードの役目も果たすこととなって，1階店舗にとっては好都合に見える。しかし，2階歩道はその構築に際して歩道部の一部を車道上へ張り出して作ることも可能であるから，2階歩道は幅の広い歩行に快適な通路とすることが可能であって，歩行者はあらゆる方向へ信号なしで自由に安全に往来できることにもなり，1階部の歩行者交通は早晩には廃れていき，沿道店舗の2階への改造に合わせて2階を表通りとする新時代の街並が形成されるだろう。このように車道から分離した安全で通行しやすい2階式歩道を擁する商店街は，多くの人々を呼び込んで賑わい，その賑わいは評判となってさらなる賑わいへと発展する。商店街の繁盛はなんといっても歩行者があってのものであり，車に乗ったドライバーたちにはこうした"賑わい"はあまり期待できない。

　2階を表通りとした場合の1階部分は，図45のように車道に対してストレートで出入りできることから，ほとんどの商店にとって重要な"車庫"や，荷扱いに便利なクレーンやリフトなどで機械化された"倉庫"などとして利用されるだろう。商品である荷物とト

ラックとが同一場所で出会えるので"荷"の搬出と搬入に大変便利となる。歩行者の途絶えた1階の歩道部分も，おおむね自店商品の搬入搬出専用に利用できるようになってくるから，車道や路側帯にはみ出して駐停車する車が一掃される。その結果，車道の交通容量はさらに一層高まる。また，交通規制側も取り締まりがしやすい。

　なお，ここで述べた予測は，1階部分への荷を満載したトラックの出入りを考えると，1階のひさしや出入り口の上面が低すぎるため，実現に困難が伴うとも思われる。店舗を改造する際に，道路構造令による建築限界である4.5mを最初からクリアーする高さの2階床に改築するのが望ましい。そして，その実現は，商店側の賛同と，都市計画を担当し歩道の立体化を実施推進しようとする市町村などの自治体側の熱意と実行力によるところが大きい。

　立体歩道は，できるだけ規格化された部品による組み立て式の構造がよい。組み立て式ならば，店舗の改造や新築に際して2階歩道部を分解して取り除くことができるから，大型の工事用建設機械などの搬入が可能となる。また，工事の施工中，一方側の2階歩道部が撤去されていても，歩行者は歩道橋を介して迂回できるから，工事部分を除くすべての商店の営業活動が続行でき，工事終了後には再び組み合わせてもとの2階式歩道に復帰させることもできる。さらには，規格化によって大量生産が可能となり，他所の2階式歩道へも容易に流用することができる。

　最近では地上走行の鉄道駅では，乗降客の安全を確保しながらその流れを円滑にするために，橋上駅とすることが多くなっている。その結果，駅の出入り口となる改札は高所に設けられ，駅前広場の歩行者通路も，地上のバスやタクシー通路に対してその上方に立体的に作られるケースが増加してきた。これはペデストリアンデッキと呼ばれるものであるが，歩行者交通の安全と歩行効率の向上に資するところが大きい。ペデストリアンデッキを備えた橋上駅は，交

通のターミナルである駅前での人車による混雑を回避させながら，その都市へ降り立つ歩行者に交通の始点を提供し，高低差のもつ有利性をよく生かしている。写真 13 に示した大阪府の JR 高槻駅前の高設歩道はそのような駅の一例であり，立体化の状況がよくわかる。各地においては，これよりももっと大きいターミナルで駅前広場全部がデッキで覆われていて，2 階部分にいることすら感じさせない巨大なものも出現している。

写真 13 JR 高槻駅前の高設歩道橋 (大阪府高槻市)

　もしも，橋上駅に附随するこのような高設歩道からあまり遠くない場所に 2 階式歩道を建設するメリットのある商店街が存在すれば，その商店街地区に 2 階式歩道を構築しながら，駅との相互間も 2 階式歩道で連絡すれば，その区域範囲は人々の往来を誘って賑わいに満ちたメインストリートに発展することだろう。すなわち，店舗価値の高い連続した"歩行者天国"ともなる都市の核を形成させ得る効果が期待できる。

3節 2階式立体歩道街を実現したい場所とは

　2階を表通りとする歩道の採用は，街に賑わいをもたらす極めて効果的な方法であると考えられるが，既成市街のどこにでも適用できるのかというと，必ずしもそうとは限らず，以下の条件を満たす必要がある。

　まず，第一に，商店街として一定の基準を備えた店舗の集積を必要とすることは説明するまでもない。

　次に，商店の特徴を損なうおそれがないことである。例えば東京の"銀座通り"には，高級品，専門商品，舶来品などを取り扱う魅力的な店が軒をつらね，他所では入手困難であったり，見比べてはじめて選択ができることが一つの特徴となっている。このような特徴が，外観の"店構え"と一体化した特徴として形成されている場合には，2階式歩道の構築により店舗の外観が損なわれるおそれがある。それで邪魔になるというならば致し方ないけれども，2階を表通りとする機会をさらなる躍進のチャンスとして生かし，店舗の新規改造築の方針に全店舗が理解を示すことができれば，新しい街並作りを大いに躍進させ未来への発展に寄与することができる。

　このような特徴を備え，しかも先駆的事例となりうる街並を大阪地域で探してもそうざらにはないが，写真14に示す日本橋地域にはその可能性がある。"家電量販店"が軒を並べるこの地域は本来は往復4車線の幹線街路であったが，現在は写真のように駐車する車が多すぎて使用する車線は左右が不平等ともなっており，まことに混雑したところである。

　戦前このあたりは古書店街として親しまれていたが，戦時中に米軍機による大空襲で焼け野原となった。そして戦後にいつしか家電

写真 14 大阪日本橋の家電量販店街 (大阪市浪速区)

商品を扱う店舗が集中しはじめて集客力を増大し，個々の商店が同じ通りにいくつもの分店舗を構えて販売競争が激化し，家庭電化製品を専門とする量販店街へと成長してきた。この姿は，東京の秋葉原地域と同様であり，高額な家電製品の薄利多売はさらなる客を招き寄せ，その地位は今や確固不動のものとなっている。最近，日本橋のこの地域は"でんでんタウン"の愛称で呼ばれるが，この街並こそ，大阪の名所として2階式歩道を導入するに絶好の場所として推薦できると考える。さっそくこの試案を当てはめてみることにしたい。

図46はその位置と範囲を示すものである。高島屋百貨店を擁する南海電鉄の起点である難波駅の南東部から出て300m東進すると，南北に縦走する幹線街路の堺筋通りの日本橋3丁目交差点に達する。この交差点を直角に曲がって南下直進し，日本橋5丁目で阪神高速道の高架下に達するあたりまでのおよそ850mの間，合計で1150mに及ぶ通りが対象である。通りの両側にはたくさんの家電商品を扱う店舗が連なっている。

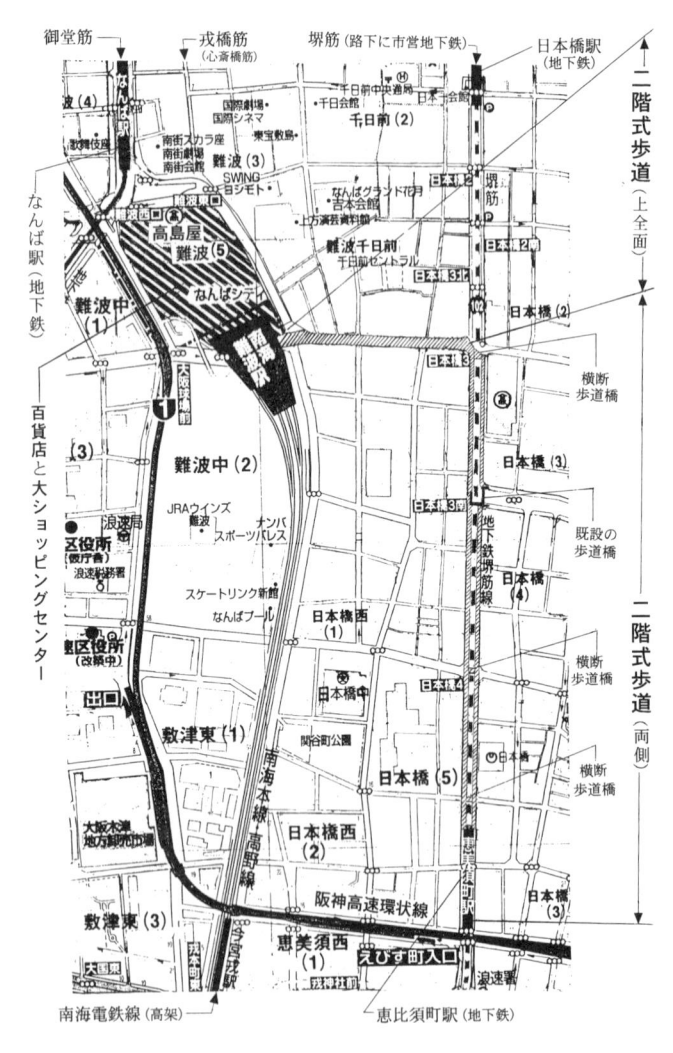

図46 日本橋家電量販店街を2階式歩道とする好適区域
(大阪市浪速区)

ここへのアクセスは北側は，南海電鉄線の難波駅，それとほぼ同じ場所にある大阪市営地下鉄の御堂筋線および四ツ橋線の難波駅とに接続している。またこの地域の南側には，堺筋通りの地下を走っている大阪市営地下鉄堺筋線の恵比須町駅が日本橋5丁目の南端にある。南北両端に位置するこれらの駅からの交通の便は極めて良好である。難波駅は高島屋百貨店とナンバ City を包含する大ショッピングセンターでもある。また，幹線街路の御堂筋と隣接しながら北へ伸びている歩行者専用のショッピング街として賑わう戎橋筋 (この北は心斎橋筋に通じる) の南側の起点でもあり，さらに難波駅の東側は昔からの歓楽街としての千日前などがあって，南大阪随一の繁華街を形成している。このことから，難波駅の南東方向の"でんでんタウン"へ向けての2階式歩道街としての開発は，大阪南の副都心の発展に今後多大の貢献を果たすことになると期待がもたれる。

　電化製品販売の大型店では，通常はテレビ，冷蔵庫，洗濯機，掃除機などの家電製品と，パソコンとその関連製品など，およそ電気を利用する機器はなんでも置いて販売しているが，日本橋の量販店街では，パソコン販売だけでも商売が成立する専門商品に特化した店舗も数多く存在する。そしてまた電機商店街では，電気に関連するあらゆるパーツや，特殊な資材だけを扱う極度に専門化された店舗も成り立ち，一般素人の消費者から，電気設備工事のプロに至るまでさまざまな人が訪れる。まさに名実ともに関西地域における"電化機器販売のセンター街"である。

　しかし街の現実の姿は，写真11にも示したように，歩行者交通路としての歩道の幅は通行する来客数に比べて狭く，まことにお粗末なものである。買い物にくる客はもちろんのこと，今すぐには購入しないけれども，品定めをするために訪れる多くの人々までを含めた客を集めて賑わいをもたらすには，歩行通路の容量が現状では

絶対的に不足する。換言すれば，歩道で二人が横並びに歩いていると，前から対向してくる横並びの二人連れと，すんなりとすれ違うことすらできずに，どちらかの一人が譲らなければならないほどである。歩道幅が狭くて，ゆとりがないことは，はなはだしいといわざるをえない。

　この街の店舗は車道の両側に軒を連ねているが，来客者は，このような林立した商店の谷間の平面歩道を歩いている。しかし来客者は，たとえば向い側に入ってみたい店舗が見えれば，いつでも自由に横断してそこへ行きたいのである。ところが今の歩道の現状では，車道を横断するのに信号機のあるところまで行き，青信号になるのを待たねばならない。それでしかたなく，ショッピングの能率を考えて，片側の店舗への訪問を端から端まで順番に済ませてから，要所に設けられた信号機付き横断歩道で向こう側へと渡って，また一方から順番に店舗を見て歩くということとなり，歩行意欲を削がれている。これに対して歩道がすべて2階式となれば，図45のように随所に多数の横断歩道橋が設置可能である。しかし橋数があまりに多すぎると費用がかさみ，現実的ではない。そのことについては図46の地図に示したように，南北通りで両側に2階式歩道を設けた場合，現在1本ある既設の歩道橋に加えて，3本の横断歩道橋を新設すれば十分に足りるものと考えられる。

　しかし難波駅から日本橋3丁目に至る往復2車線程度の狭い街路の部分では，その上面を全面的に覆って歩道とするのも得策である。こうすれば，歩行者通路として最も望ましい歩行者天国が実現される。実現すれば，そこに具体的な用事がすぐにはない人々をも招き寄せて，いわゆる"銀ぶら"や"心ぶら"のような賑わいを醸し出すにちがいない。

　車道上を全面被覆すると下側道路が暗くなりすぎるというのであれば，2階の被覆面の所々に大きい採光穴を設ければよい。また街

路樹が必要ならば，要所に適度なサイズの穴を開け，背の高い樹木をその梢の1/3以上が2階歩道の上に出るように剪定して下の地面に植え付ければよいだろう。

　現在この日本橋通りは，写真12に見られるように両側商店街にアーケードが取り付けられたり，その取り付け工事が進んでいるが，2階式歩道ができたとしても，2階部分に対する雨除けや日除けのためのアーケード設備は絶対に必要である。現行のアーケードを取り外して2階歩道の上に付け替える必要がある。この工事費用は若干かかるとしても，現在設置のアーケードを廃棄することはなく，それらもリサイクルして有効に活用できる。

　このようにして大阪南部に歩行者天国を伴った家電商店街が出現すると，その集客力は素晴らしいものとなり，関西圏の電化センターとしての地位は確固不動のものとなる。"先んずれば制す"といわれるとおり，他所でまだ試みられていないことを実現することにはある程度のリスクと費用高は覚悟しなければならない。しかし，それが軌道に乗れば，人が人を呼んで空前の賑わいをもたらし，世界に対しては，東京の日本橋よりもはるかに有名な地名としてその名を馳せることはまちがいない。

4節 車椅子の階段昇降手段の統一規格化

　歩行者交通が見直され，2階式歩道が一般化されて普及してくると，車椅子利用の身障者にもその恩恵が及ぼされなければならない。車椅子には手動式と電動式とがある。手動式車椅子は本来，介護の付添人を要する傷病人や極高齢者用であり，元気な人ならば自分の腕力で移動できる。一方，電動式車椅子ではかなりの単独走行が可能である。車椅子はすべて歩行者交通に属するものであるからその通行帯は"歩道"であり，自動車の通る車道とは一線が画される。

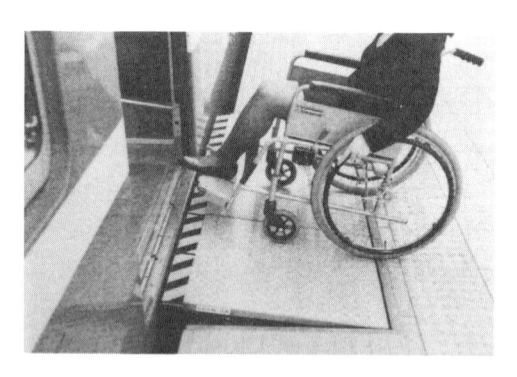

写真15 手動車椅子による電車への乗り込み [14]

　しかるにここで述べてきたように歩道が立体化へと発展してくると，車椅子利用者も立体化に容易に対応できる方策が同時に進行されなくてはならない。
　成熟した社会は，人間のあらゆる能力を効果的に活用することによって成り立つ。特に理性と感性は人間固有の文化的能力であっ

て，歩行などの運動機能に障害を有している人たちも車椅子を効果的に利用することで，五体満足の健常者と変わらない知的な仕事や芸術的な活動をこなすことができる。ただしかし生物体である人間は，その生存には自体の生活環境内でどうしても移動を必要とするが，こまごまとした移動について，すべて介護者に協力を求めなければならないようでは，誰もが精神的な苦痛を感じずにはいられないことだろう。歩行するということだけに障害を有する若い人々や，老人でもまだまだ元気な人たちは，できる限り他人の厄介にならずに自分の能力だけで自由に行動したいと願うものである。しかし，人間社会は都会のように事物が集積すればするほど多層化し高層化してくるし，都会でも駅などの公共交通機関はどこもたいていは立体構造となり，車椅子が移動手段としてすでに身体機能の一部ともなっている人にとっては，その生活のための上下移動に対して，"階段"という障壁が立ちはだかることとなる。

現在，都心の高層ビルや主要ターミナル駅では，エレベーターが常設されて車椅子利用者の昇降移動にある程度は快適な環境がもたらされている。しかし，都心から少しはずれるとエレベーターの普及は急速に低下し，それに代わって，乗客が集中する駅などではエスカレーターによる上下移動となる。そして，さらにその都心域から遠ざかるにつれてエスカレーターの設置も少なくなり，上下移動の設備は"階段"だけとなり，昇降のエネルギー源は人の脚力に頼ることとなる。思うに階段という設備は，二足歩行の人間が高低差を克服するのには大変よくできた便利なものである。大昔に自然発生的に考え出されたものだろうが，山地の神社などでは50段をこえるものもまれではない。ただし，この人間のために作られた階段を四足の牛馬が昇降するとなると大変に困難であり，犬も敬遠して草木の生える斜面の方を利用するようである。

一方，身体的障害により二足歩行が困難な身障者には車椅子が提

供されている。車椅子には人間が考えだした移動効率が最も良く機械化の容易な"車輪"が用いられており，今や身障者の移動手段として広く普及している。しかし車輪によって前進する車椅子は，人体を椅子に座る状態で支えていることもあって，その走行路面は傾斜や凹凸のない整備された平面が望ましい。これに対して人間の生活環境には"段差"や"階段"はどこにでもある。健常者にはなんともないこれらの状況は，身障者にとっては大きな障壁（バリア）となって立ちふさがる。

最近になってこの問題が国によっても取り上げられ，平成12年(2000) 5月に通称「交通バリアフリー法」（正式名称は「高齢者，身体障害者の公共交通機関を利用した移動の円滑化の促進に関する法律」）が制定公布され，11月に施行された[15]。この法律の制定の背景には，下肢に限らず聴覚や視覚などに障害を背負う人たちへの社会的連帯と人権の尊重に対する意識の高まりがあり，身障者や介護や介助を必要とする高齢者の"生活の質の向上と改善"に努力が注がれる時代となってきている。これに応える公共交通機関の対策は，車椅子利用者や老人の移動行動を助けるための，駅の上下階相互の高低差の克服と，電車やバスへの乗降の円滑化を図ることが中心となっている。これらの対策は，エレベーターやエスカレーターなどの昇降装置の改良や増設，低床バスや路面電車への改造などとして実現されており，現在の人間工学的な技術の向上に負うところが少なくない。

エレベーターは，昇降希望階にストレートに移動できるため，身障者にとっては満足度が高い装置である。特に最近は，ゴンドラの呼び出しや昇降階を指定するボタン位置を低くするといった配慮がなされ，車椅子使用者が他人の介助なしにほぼ一人で行動できる大変好適な昇降装置となっている。ただしかし，エレベーターはその運行が間欠的であり，大勢の人を輸送する装置としてはあまり効率

が良くなく、さらに設置費用もかさむのが欠点である。このためエレベーターは、人間活動の密度が高いところに集中して設けられ、広く一般に普及するには至っていない。

これに対してエスカレーターは、歩行状態の続きのままで人々を受け入れて乗せ、運転を停止することなく連続的に大量の昇降者をさばくので、駅などでは大変能率的である。しかし、本来1ステップには立ち姿の人を1人ずつ (広幅の場合は2人) しか乗せられないために、そこに車椅子を乗せるのは大変危険であって、通常は車椅子による使用は禁止されている。そこで、どうしても車椅子で階段を通過したい場合には[14]、手動式車椅子の場合は駅職員が4人掛りで、座乗者もろとも車椅子を抱え上げて昇降させていた。これが電動車椅子ともなると車椅子本体だけで100 kgほどもあって大変に重いので、介助職員の身の安全のためもあって6人は必要となる。たまにしか通過しない身障者の車椅子に対して、常時大勢の職員を待機させておくのは、経費的にも大変であった。

写真 16 新型エスカレーターによる車椅子の上昇 [14]

ところが最近，この問題を解消する新型のエスカレーターが開発された。写真16がそれであり，3段を一平面にして車椅子を乗せて昇降する。このエスカレーターでは，その操作と車椅子のずり落ち防止のために付き添いの係員を1人を必要とする。また，車椅子が昇降中は，一般乗降客を待機させることになるため，車椅子利用者のそのことに対する精神的負担は大変大きいものとなる。

また，最近になって車椅子専用の昇降機が開発されている。これは車椅子を移乗させた荷台(カーゴ)を階段の壁面に沿って上下動させるものであり，大量の乗降客を扱う大きい鉄道駅に向いている。

写真17は，JR東日本と大同工業社とで共同開発された簡易型階段昇降機(JDエスカル)[16]である。階段の側隅部をうまく利用して設置されたガイドレールに添って昇降するもので，写真のように階段側壁内の上下二つのプーリー間に張られたチェーンで駆動され，側壁面に支持される荷台に車椅子を載せて円滑に昇降できるという。ただし，駅側の安全上の立場からか，この荷台に車椅子を載

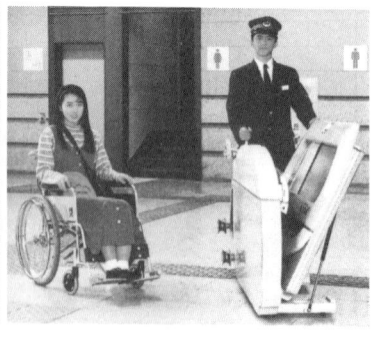

写真17 リモコン介助式の車椅子階段昇降機
(参考文献[16]と大同工業社カタログ)

せて昇降するには，駅係員によるリモコン操作を必要とする。荷台は使用しないときは写真のように取りはずし折りたたんで収納しておけるので，一般客の階段昇降のじゃまにはならない。

また写真 18 のクマリフト社の昇降機は，よく似た形式ながら，車椅子利用者が自分一人で乗り込んで昇降ボタンの操作ができるようになっている。

いずれも機械室が別に必要であって，そこから側壁面のガイドレールに内蔵される駆動チェーンに昇降のための動力が伝えられるもので，その構造はエスカレーターのようである。なお，クマリフト社では別に自走式で操作も全自動のものを開発している。これは機械室が不要で，昇降駆動機能は，荷台側にある駆動モーターが200V三相交流の電気を受け取りながら動き，その姿は電車やトロリーバスに似ている。

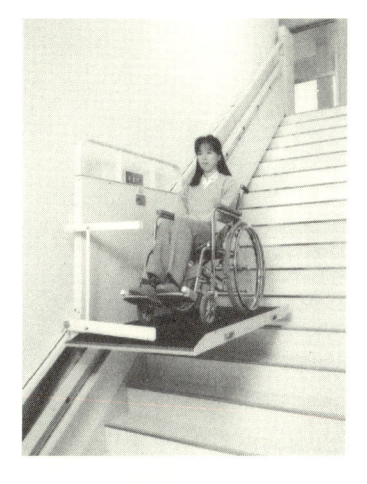

写真 18　介助不要の半自動式車椅子階段昇降機 (クマリフト社カタログ)

以上の3タイプはいずれも，階段部分の側壁装備で支持されながら上下に移動するので，ステップの改造工作はまったく不要である。

身障者が公私ともにハンディを乗り越えて生活しようとする場合，行動のすばやさと，行動範囲の拡大が条件となる。この条件を満たすには，機能や機動性の高い"電動式車椅子"を開発して，ど

第4節　車椅子身障者交通への階段昇降手段の統一規格化

こへでもいける自由性を高め，他人に介助を依頼することによる精神的負担から解放しなければならない。

そこで，一つの提案をしたい。それは，どこの階段でも，その場所に少し手を加えた固定設備を標準的に設けることと，それを活用できる機能を装備した万能車椅子の開発である。

すでにエレベーターもあり，3段同一平面型のエスカレーターや階段昇降機などの設置されたバリアフリー的環境があれば，それらをどんどん利用する。そしてそれとは別に，車椅子側でも性能を向上させ，かつ，どこの階段にも，歩行者用手すりを兼ねた車椅子の"姿勢保持誘導管"と，その下のあたりに"車椅子登坂設備"を設けるのである。この設備は標準規格化して全国に配備する。もし，これが実現すれば身障者にとって大きな朗報であるとともに，車椅子メーカーも目標が定まるので開発のロスを減らすことができる。

これからの自走式電動車椅子に求められることは，

1. 平面を労少なく効率的に移動できること，
2. 階段を他人の介助なく自分だけで自由に昇降できること，

の2点につきる。

現在の電動車椅子は，最初の要望はほぼ満たしているが，2番目についてはまったくといってよいほど手つかずである。2番目については，登坂しようとする階段などの場所に固定的にはしご段状の設備（"梯段"と名づける）が設けられている必要がある。この設備は，たとえていえばヨーロッパアルプスの登山鉄道におけるアプト式の線路設備に相当し，車側と登坂設備側との同時開発が望まれる。

写真19は現時点で最高水準にある電動車椅子の事例である。その能力仕様をジャジー1120についてカタログ値を紹介すると次のとおりである。本体重量はバッテリーを含んで約93.4kg，フル充電での連続走行距離は約40km，最高速度は6km/h，段差乗り越

ジャジー 1120 (アルケア社カタログ)　　JW-III (ヤマハ社カタログ)

写真 19　現在の本格的な電動車椅子

え高さ 40 mm, 登坂可能角度 10°, 最大積載量 136 kg で, 制動には電磁ブレーキ, および発電制動に逆転制動方式が採用されている。しかし, 未開発の昇降機能は別として, 階段昇降に必要なエネルギーを蓄える蓄電池の容量はまだ不十分な感がある。

　自動車へ身障運転者が自分で乗り込む技術は, すでに自動車メーカー側がかなり実用的な商品として完成しつつあり, 普及は間近いと考えられる。したがって, 先にあげた 2 番目の条件が満たされれば, 機動的な電動車椅子に求められる能力はほぼ完成する。

　そこで, 2 番目の条件を満たすために必要と考えられる機能を装備した車椅子と登坂設備の関係を示した試案を図 47 と図 48 に掲げる。

　登坂支援設備は全国共通の標準規格としておく。こうすれば, いつでも, 誰でも, どこででも, どのメーカーの車椅子ででも利用することができる。標準規格化は, 車椅子を開発生産するメーカー側にとっても, 無駄な投資をせずにすむので好ましい。車椅子の登坂駆動パーツを専門に生産する会社から購入して, 自社の製品に組み

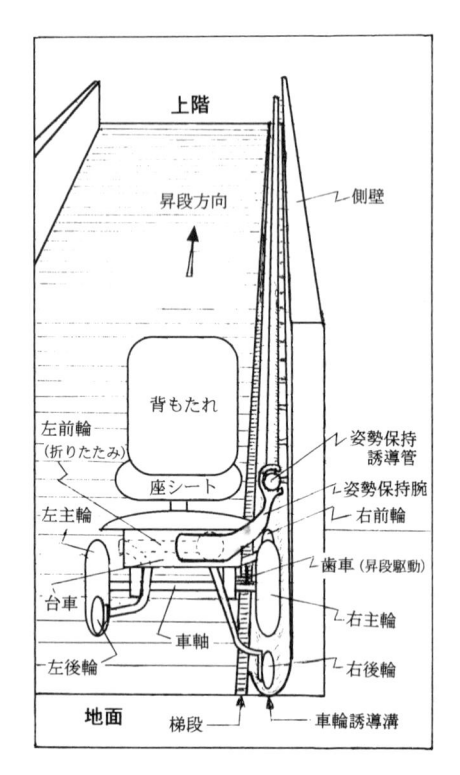

図 47 電動車椅子とその階段昇降施設との構成関係

込めばよいので，車椅子メーカーは，自社独自の機能や品質を盛り込んだ優れた商品の開発生産に専念できるだろう。そしてまた，その昇降支援設備を提供する側となる鉄道などの公共交通機関や国や市町村にとっても，複雑な可動部分がなく単純で，電力の供給などの危険を伴う設備やその維持管理にわずらわされることもない，比較的に安価な設備であるので導入しやすい。

　図47と図48に基づき，自力昇降電動車椅子の構成を以下に列記する。

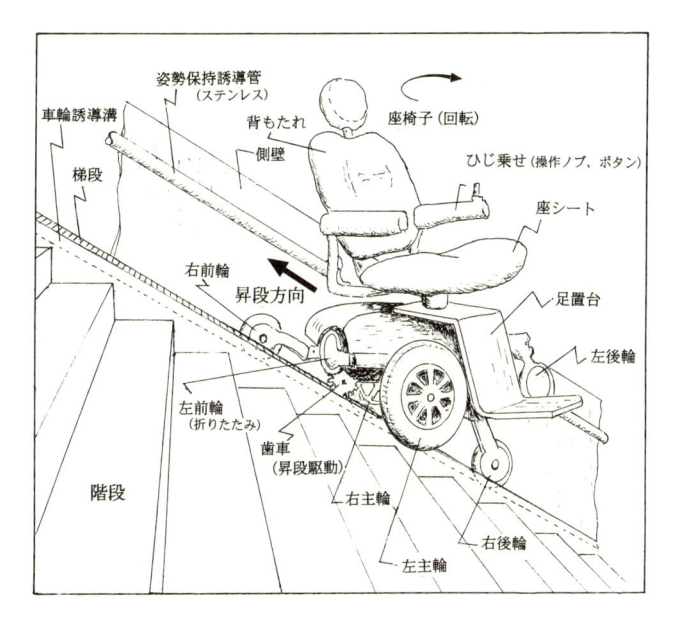

図48 階段を登る車椅子が座乗者とも向きを変えた状態

① 電動車椅子において駆動の主役を果たす中央の"主車輪"はそのままとする。階段昇降に際しては，片側(ここでは右側)の"前車輪"と"後車輪"は主車輪に対して傾斜度に添い別々の角度で上下に動いてから固定することができ，他の側の前後の車輪は折りたたんだり，感圧接地センサーの役目なども果たすことができる構造とする。足置き台は座席シート以上の構成と一体となって，水平に自由に回転できる構造とする。

② 階段側の固定設備としては，階段の側壁下隅に車輪をはめ込める"車輪誘導溝"と，ステンレス鋼製の"梯段"(はしご段)を固定して設ける。そして，さらにその上方となる階段の右側壁面に，車椅子の姿勢保持を目的として，ステンレス鋼管製の手すり状"誘導管"を強固に取り付ける。

③ 車椅子の昇降時の姿勢制御には，台車の後部に折りたたみ式などとして固定的に取り付けた"姿勢保持腕"を用いる。この"腕"をあらかじめ側方上向きに手動で伸展させて，上記の誘導管を摺るようにつかみ滑動することにより，車椅子の姿勢が一定に保持され，"車輪誘導溝"に入らない他の側の主車輪は浮いたままで，転倒しない姿勢に保持されながら傾斜を移動する。

④ 車椅子の電動駆動力は，平面走行の通常時には主車輪に伝えられているが，階段昇降に際しては，セレクター操作などにより台車の底部に設けられている登坂駆動用の歯車に切り替え，この歯車は上記"梯段"に噛み合わせて上昇や下降のための動力を伝達する。駆動や電磁ブレーキの操作も，車載コンピューターで自動制御させる。

⑤ 昇降に際しての階段部使用は，例えば常に右側を登坂用に，左側は下降用にと決めておけば，混乱が避けられる。

　ここに試案を示した車椅子の登坂を支える固定設備は，費用が安く，電力不要で，構造が簡単で，維持管理も容易である。このため，屋内外を問わずあらゆる階段に付属させて設置することができるので，全国的に規格統一をはかることが強く望まれる。したがって，その開発研究は，国の主導で工業研究所などに"車椅子階段昇降プロジェクト"といった組織を立ち上げ，広くメーカーの参画を募って推進する必要があり，それこそがバリアフリー法制度の精神の具体化であるともいえる。幸いなことに現在は携帯電話が発達したこともあって，階段途中で車椅子の故障や電池切れなどにより動けなくなっても救援依頼が可能であるので，車におけるJAF (日本自動車連盟) に相当するような，車椅子の広域救援組織などの開拓が必要になる時代がくることと思う。

第3章

都市圏鉄道の輸送力倍増と高速化

1——ラッシュアワーでの通勤地獄の現状, *124*
2——平地鉄道敷地が地元市街地に及ぼす悪影響, *127*
3——従来の高架化工事の手順と用地取得のむだ, *131*
4——平地複線の高架化のメリットと問題点, *135*
5——複線鉄道が望む高速化と大量輸送へのネック, *137*
6——2層高架の複々線化で輸送量と高速性に飛躍を, *140*
7——2層高架の複々線化へのモデルケース, *147*
8——1線先行高架化工事の跡地を活した3線化, *153*

1節 ラッシュアワーでの通勤地獄の現状

わが国においては近代の到来ととも生産や情報の高度化が進んで，人々の活動拠点が中核的都市に集中し，巨大都市の出現を見た。しかし勤労者は，生活環境にゆとりを求めるためと，都心の地価が高すぎたために，都市郊外に住居を求める傾向が著しく高まり，職場と居住が分離し，通勤通学の人の流れが朝夕の限られた時間帯に集中的に発生するようになった。いわゆる"ラッシュアワー"現象である。

現代日本における毎日の移動手段としては自動車と鉄道がある。しかし，車での通勤は便利なようでも幹線道路の混雑で，すぐに道路交通は麻痺状態となるため，大多数はマイカーを諦め，鉄道に集中することになる。鉄道は身ひとつで簡便に利用できる高速の大量輸送機関であるけれども，多くの人々がどっと押し寄せると，その輸送能力も限界に達して，ラッシュアワーには"通勤地獄"の様相を呈する。最近は輸送力増強対策がかなり奏功し，戦後から高度成長期にかけての超混雑は緩和されたが，それでも通勤通学者が集中する早朝の電車内の混雑はまだまだ解消されたとはいいがたい。

表5はその混雑度の目安である。定員乗車のときの状態 (100 %) を標準とし，車内に人間を限界まで詰め込んだときの状態 (250 %) までの各段階の混雑度が示されている。この表には，東京と大阪で通勤地獄を骨身にしみて体験した筆者の感想を，補足的に付け加えてある。図49は，大手民鉄15社における早朝の最大混雑状況の推移を35年間にわたって示したもの[17]である。輸送対策の進展により混雑率が次第に低下し，最近では定員の1.5倍あたりまで緩和されたようである。

表 5 混雑率の目安 (大手民鉄の素顔 2002 年版より)

混雑率	目安のイラスト	混雑の度合い (一般的説明)	筆者の補足
100% (定員)		**定員乗車**。座席に着くか、吊革につかまるか、ドア付近の柱につかまることができる。	駅に着き、あちこちに空席が生じるのを見て、すばやく行けば座れる場合がある。
150%		肩がふれ合う程度で、新聞は楽に読める。	吊革の人は、自分の前に空席ができたときにのみ座れる。
180%		体がふれ合うが、新聞は読める。	少し早い目に人を押し分けながら進めば、出口にたどりつける。
200%		体がふれ合い相当圧迫感があるが、週刊誌程度ならなんとか読める。	駅に着いても、声を出すとか大きく身動きしないと、出口へは行きにくい。
250%		電車が揺れるたびに体が斜めになって身動きができず、手も動かせない。	外側から"押し屋"が押し込まないと、電車のドアが閉まらず、発車ができない

第 1 節　ラッシュアワーでの通勤地獄の現状

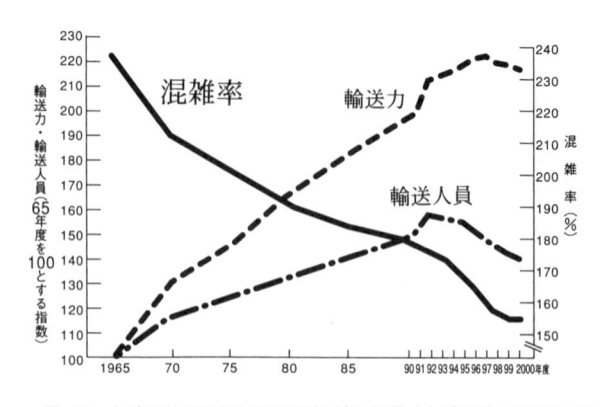

図49 大手民鉄最混雑区間の混雑低下推移 (大手民鉄の素顔より)

また図50には，JR東日本管轄の首都圏における，朝の通勤ピーク時間帯の混雑状態の推移が13年間にわたって示されている。全体として低下傾向がはっきり現れているが，それでも2000年度ではまだ平均200％の混雑である。すなわち，JR山手線では2000年度における外回り (上野〜御徒町) は230％，内回り (代々木〜原宿) は202％であり，京浜東北線の南行き (上野〜御徒町) は233％で，北行き (大井町〜品川) は225％と報告されている。

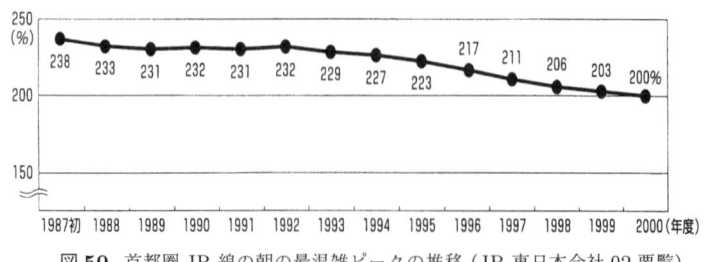

図50 首都圏JR線の朝の最混雑ピークの推移 (JR東日本会社02要覧)

2節 平地鉄道敷地が地元市街地に及ぼす悪影響

　JR線にしろ民鉄各社線にしろ，草創期には平地に敷設された線路上をガタゴトと列車がのんびり走行していた。当時は河川を渡るための鉄橋の構築が技術の面でも資金の面でも大変であった。「汽笛一声新橋を……」の最も古い写真を見ると，多摩川程度の川には木製の橋が架けられており，その上を黒い陸蒸気(おかじょうき)が煙をたなびかせ客車を牽引していた。その後，英国などからの技術導入により鉄の橋に作り替えられてきたが，一般走行部の線路は平地に盛土した道床の上に敷設され，ほとんどすべてが平地走行であった。

　鉄道と道路とが交差する部分には踏み切りが設けられる。そして，すぐには停車できない列車側を優先通行とする慣習を定着させながら，やがて交通法規などとして固定された。めぼしい都市では比較的早くに路面電車が出現しており，歩行者や荷馬車との混合交通でもさしたる問題は生じていなかったが，鉄道車両の発達と高速大量の移動，旅行への需要などから，鉄道側の走行を絶対的優先とする交通体系が確立して現在に至っている。しかしその間に道路側では，牛馬車に代わって自動車の発達がめざましく，ダンプカーやトレーラーに至る大型車の出現がある一方で，うなぎ上りに増加する初心者に毛の生えた運転未熟者を含むマイカーの通行も増大してきた。

　道路が鉄道と交差する踏切の存在は，鉄道が平地走行する限り避けられない運命である。踏切施設は，列車通行の頻度と，これに交差する道路の規模や交通量などから，次の4段階に分けられている。

一種踏切：踏切保安係が常駐するか自動遮断機があり，24時間列車の接近に対応して遮断機を降ろす。
　二種踏切：一定時間を限り，保安係員が遮断機を操作する。
　三種踏切：踏切警報機と警標のみがある。
　四種踏切：列車接近を知らせる警報装置がなく，×字状に組まれた，まだら模様の踏切警標が立てられているだけ。

　三種や四種の踏切では，線路を横断する通行者側が注意して安全確認しなければならないのは当然である。また，一種や二種の踏切で警報機が鳴り，遮断機が降りても強引に横断する横着で悪質な運転者には言うべき言葉はないが，運転者側の不注意による脱輪とかエンスト解除不能とか，アクセルとブレーキの踏み間違いとか，一瞬の脳内虚血や出血，あるいは後続車の追突による押し出され，といった不測のミスやトラブルは皆無とはいいがたい。そして，その場合の踏切の遮断機は，自動車の侵入を強固な障壁として遮断できる構造とはほど遠い，単純な目印程度の竹竿にすぎない。踏切は異なった交通体系が出会う場であり，さらなる安全対策は重要である。

　一方，列車の方はその走行が，車輪の縁に有するわずかなフランジの引っ掛かりでレールに乗って誘導される仕組みであるから，自動車などと衝突しても，それを跳ね飛ばしてしまえば圧倒的な質量差により鉄道側は軽い損傷ですむ。しかし，もし，破壊や変形された車体の一部でもレールと車輪の間に挟んで蝶いたような場合には，列車の方も脱線転覆という大被害をこうむることになる。

　踏切事故の発生は，列車側よりもむしろ横断者側にその大半の原因がある。図51に，踏切事故の原因と事故の相手側の対象を示したが，その原因の大部分は列車の接近を無視した車側の不注意横断と，脱輪やエンストなどによる運転ミスである。また，その対象物は自動車を含めた乗り物が多く，そして21.6％が歩行者事故と

なっている。歩行者事故は，遮断機の下をくぐり抜けての幼児の事故を除くと不注意であり，また，親には幼児を危険から守る責任があることを考えれば，これも不注意であるといえる。

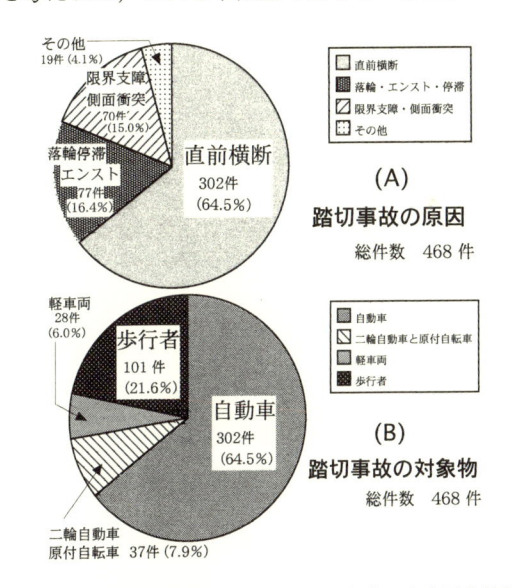

(A) 踏切事故の原因
総件数 468 件

- 直前横断 302件 (64.5%)
- 落輪停滞エンスト 77件 (16.4%)
- 限界支障・側面衝突 70件 (15.0%)
- その他 19件 (4.1%)

(B) 踏切事故の対象物
総件数 468 件

- 自動車 302件 (64.5%)
- 歩行者 101件 (21.6%)
- 二輪自動車原付自転車 37件 (7.9%)
- 軽車両 28件 (6.0%)

図 51 踏切事故の原因と対象物 (2000 年度国土交通省統計を「大手民鉄の素顔」より転載)

しかし，いずれの場合も，交通形態を全く異にする通路が同じ平面で出会う踏切などの構造として存在していること自体が，事故を招いている根本的原因といえる。科学技術の発達した現在においても，異種交通相互の平面交差をそのまま残存させていることが問題であり，早急に対策を講じなくてはならない。

平地走行の鉄道の存在によるいま一つの問題として，市街地を分断して地元都市の発展を著しく阻害している現実がある。平地走行の鉄道に対しては，踏切のあるところまで行かなければ線路を横断できないから，交通の往来に関する限り，渡るために橋を必要とす

る河川の存在と似ている。川ならば自然現象だから諦めもつく。しかし，平地走行の鉄道は人工的装置であり，この装置を高架や地下線にするのは単に人工の程度を強化することであって，すでに各地に多くの例がある。歩行者の通行の場合は，跨線橋などを作って渡る解決策がある。これは費用は安上がりだが効用は局地的であり，階段を昇降する歩行者の労も大きい。また車での横断には道路側で跨線橋を設けることになるが，これは小規模の場合には費用倒れとなる。したがって，誰もが鉄道側の通路変更を期待するのは自然のなりゆきといえる。

　市街地における鉄道の立体化は地下線化するのが最善と思われる。しかし，よほど超密な市街地でなければ，膨大な建設費用を要する地下線化の実現は難しいので，連続立体橋による高架線化の方が費用が少なくてすみ実現しやすい。高架化すると騒音や日照権の問題等が生じるが，これらは防音技術や金銭補償である程度は解決できる。しかし一方，先に述べた踏切事故は人命にかかわり，代償し得ないことがらである。

　踏切では，列車の接近に対する事故防止に関して，第一にはそこを渡る通行者側に遵守しなければならない義務と責任が存在すると見なされている。したがって，踏切事故のおおかたは，横断する側の不注意によるとされ，高架などで立体化されていなかったことも一因であるとする見方は，ほとんど考慮されない。しかし，客観的に見る限り，異質な交通体系が遭遇するのであるから，特に市街密集地区での鉄道の平地走行は，事故の起きる危険性を内包しているといわなければならない。たとえ，鉄道敷設よりも市街化の進展が時期的に後から生じたのであっても，そこに市街化が進むことはかなり早い時期から十分に予測されたことである。都市計画や交通計画等では，そのような予測のもとに，鉄道の高架化に優先的な順位を付け，早期実現させるように努力するべきであろう。

3節 従来の高架化工事の手順と用地取得のむだ

　図52は，平地の複線鉄道を高架にする手順である。これらは従来，通常に行われている方法であるが，いずれも元の複線鉄道の運行に支障をきたさないように配慮しながら工事を遂行しなければならない。直上覆工型は，平地走行の複線の真上に同じ複線を高架線として構築し，平地複線をそのまま高架とする方法である。まず平地線の建築限界の両外側に脚柱を立て，その脚柱間を上でつないで高架線の道床とする。そして，完成後の深夜に一気にレールを高架線へと切り替える。写真20の2枚の写真は，この方法が実施された近鉄南大阪線の針中野駅あたりの工事現場である。素人目に見る

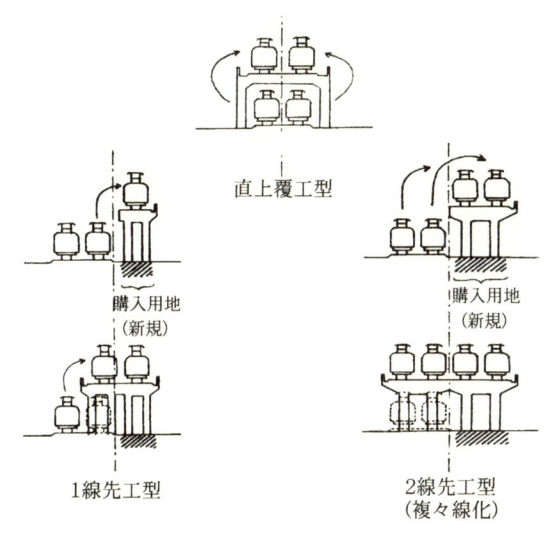

図52 平地の複線鉄道を高架にする通常の手順

写真 20 直上覆工式工法による高架化工事現場 (近鉄南大阪線, 1968)

と，上側を通過する列車の重量と振動で，鉄筋コンクリートがよくも崩落してこないものだと感心する。図左下の1線先行工事型は最も多く採用される通常の方法である。高架工事のためにあらかじめ隣接して1線分の用地を買収して片線の高架を構築してそこへまず1線を移し，空いた平地片線の場所に後からもう1線分の高架を付加して，複線の高架を実現する。この方法は用地取得費を極力抑えたやり方である。しかし先の直上覆工型と同様に，鉄道の機能としては，高架線に変わった以外は従前となんら変わるところは

ない。

　図右下の2線先行工事型は，平地複線に隣接して同等幅の用地を別途買収し，複線の高架を一気に仕上げる方法で，工事がしやすいことが長所である。ただし，複線の完成だけで終わってしまい，複々線化へと増線をしないようではもったいない。ここまで用地取得を遂行したのならば，追加工事を行って図のように複々線を可能とするだけの用地を確保しておくべきだろう。

　平地複線を高架に変えて最終的に複々線が完成すれば，緩行と急行が別線となり，列車運行の効率は格段に改善される。このような4線が高架上で同一平面となるオーソドックスな複々線はJR線ではかなり見かけるが，民鉄では案外に少ない。相当の距離のある区間で連続した複々線化が実現されているのは，関東では東武伊勢崎線の北千住〜北越谷間の17.3km，関西では京阪本線の天満橋〜寝屋川信号所間12.5km (写真21) が知られている。

写真 21　通常高架の複々線 (京阪本線滝井駅あたりの現状，2002)

しかし既成の密集市街地において，既設線路に隣接して長い区間にわたって複線と同じ一定幅の用地を取得することは，費用の面のみならず，立ち退き補償の交渉も困難であり，一箇所でも交渉が長引けば工事は立ち往生となる。その結果，列車の運行までに長期間を要したりすると，投資費用の償却に支障をきたすことになるので，よほど差し迫った状況となるまで複々線化の推進は行われないのが実情である。

4節 平地複線の高架化のメリットと問題点

　連続立体橋により高架化が実現すると，踏切問題が解消して道路交通の効率が向上するとともに，道路側および鉄道側でも安全確保が完璧に実現し，さらに地元市街の発展にもおおいに寄与することは間違いない。また鉄道側にとってはそのほかにも，列車運行の速度が少しは向上するだろうし，また高架化工事の際に駅ホームを希望の長さに延ばせば，車両増結による輸送力の増強も可能になる，といった副次的効果も生ずる。しかしながら，輸送力の増強と列車の高速運行は，複線という配線の基本が改善されない限り，まだまだ大きい障壁が温存されたままであるといわざるを得ない。

　従来から実施されている輸送力増強対策としては"増発"と"増結"がある。また，最後の手段としては，新線建設や複々線への改造などの"増線"がある。

　"増発"は鉄道の現在施設を改造することなく，ダイヤを密にして時間内の列車本数を増加すればよく，前後の列車間隔が安全走行ができる範囲内であれば，必要な車両数さえそろえれば最も実施が容易な方法である。

　次の"増結"は増発と並行的に実施される。車両数を連結して1列車を長編成化するため，駅のホーム長が足りなくなると，駅ホームを延長しなければならない。これには，駅の前後における用地買収や線路の付け替えなどが必要で，そのための工事は増結運行する区間のすべての駅が対象となり，かなりの費用負担となる。

　輸送力の増強対策として最も効果的な方法は"増線"である。単純計算でも，その効用が倍増以上となることは，誰の目にも明らかである。しかし，鉄道敷設には，一定幅の長い直線状の連続した空

間が必要となるので，新線の建設をめぐっては多くの困難に直面せざるを得ない。新線敷設のための用地の取得は，既成市街化の地域では困難な用地買収を行わなければならず，高価な用地取得費に加えて立ち退き補償費も高騰している。立ち退き交渉に長期の時間を要することも難点である。市街地における新設線は，最近ではほとんどが連続立体橋で行われるので，高架化工事も必要となり，工事費用はさらに増大する。

用地取得のための費用高と沿線の騒音公害を考慮して最近は，建設費用は莫大となるものの，用地取得費がほとんど掛からない地下線化とするケースが多くなってきている。その代表例は，渋谷駅を起点とする東急新玉川線 (田園都市線) である。同線の二子玉川園駅の少し手前までの間 8.6 km が地下線化され，新しい都市鉄道の一つの姿を示している。しかし，複線の地下線として完成してしまうと，その後にホームの延長や複々線化への必要性が生じても，改造などへの変更に融通が効かなくなるので，はるかな未来への見通しが必要である。

5節 複線鉄道が望む高速化と大量輸送へのネック

　道路や鉄道など形のある通路では，必ず行きと帰りの往復の交通流が発生する。これに対応して幹線道路などでは往復車線が設定され，鉄道は複線となっている。ただ地方の鉄道では単線もある。この場合，双方向行き列車は駅などで互いに待避線に出入りしてやりすごす必要があって能率は悪いものの，乗降客も少ないのでそれはそれとして一つの交通体系として定着している。しかしここでは単線路線は対象とせず，あくまで複線鉄道をベースにして論を進めたい。

　大都市の近郊鉄道では，朝，都心へ向かう乗客は短時間帯に集中し，いわゆるラッシュアワーが生ずる。図53はその模式図である。図の中央の縦棒図は乗客数を表し，都心へと近づくにしたがって乗客が逓増していくようすを示している。左側の配線図のように終着駅までが同じ複線のままであると，当然のことながら混雑率は異常なまでに高まり，通勤地獄が出現する。その緩和策としては，通常は途中の主要駅あたりから増発や増結が行われる。ところが，最近は乗客数が激増し，これらの輸送力増強対策は限界に達してしまって追い付かず，結局は右側の配線図に示すように，主要駅あたりから複々線とする増線が望ましいこととなる。

　しかし，前節に述べたように，増線の実現は最も費用と時間を要する。増線の必要に迫られるところは通常，人口が増加して市街化が完成した場所であり，輸送力増強の対策工事はたいてい後手にまわり，用地取得や立ち退き補償などの難題に直面する。

　鉄道では，遠方から都心へ直行する多数の通勤客のために，急行列車が運行される。この急行列車と各駅停車の緩行列車とは速度が

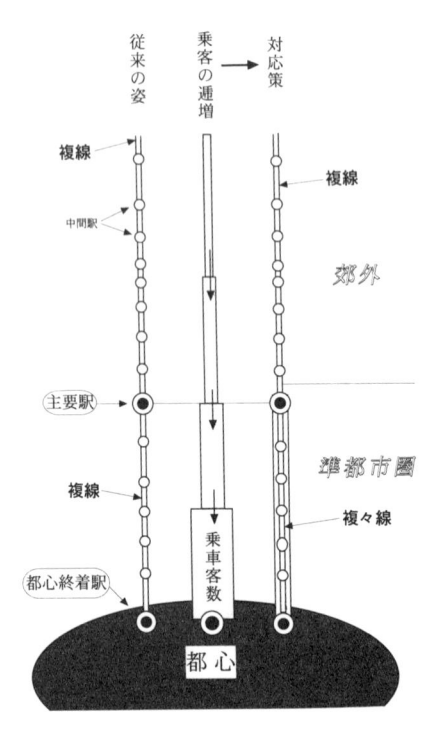

図 53　早朝の都心へと増加する乗車客には複々線化で対応

違うため，緩行と急行が複線の片線だけを共用すると，図54のダイヤグラフに示すように，1本の緩行列車の存在が何本もの高速列車の運行を不能とし，時間帯に大きなロスが生じる。すなわち，ダイヤグラフ上の傾きの違いにより，緩急双方とも緻密な平行ダイヤを組めなくなるのである。この現実があるため，複線では増発による輸送力の増強には限界があり，同時に高速輸送量自体も制限され，結果として全体の輸送効率は著しく低下したまま経過することは誰の目にも明らかである。

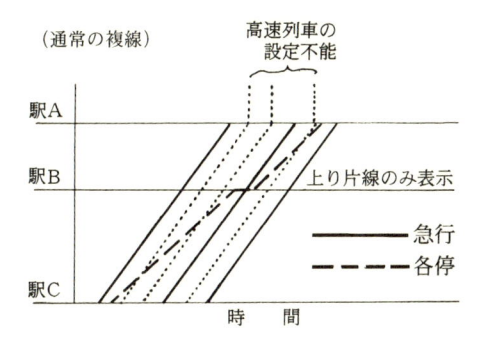

図54 低速列車による高速平行ダイヤの欠損
(大橋宣夫, JREA1976)

　結局，都心近くでは，急行列車のためには，急行ばかりの平行ダイヤが組める急行専用線を設けることが必須の要件である。そして同時に，速度の遅い各停列車のためにも，各停だけで平行ダイヤが組める緩行専用線を設けるのが最善である。このように都心に近づいたら，どの鉄道もすべて複々線とするのが，近代鉄道のあるべき姿であろう。

6節 2層高架の複々線化で輸送量と高速性に飛躍を

前述したように,平地の複線鉄道は,そのままの状態では安全上厄介な踏切問題があり,また鉄道が通過する地元の市街地を分断することも好ましくない。そこで,市街地ではなんとしてでも高架化の実現が待ち望まれる。

従来の常識では,緩急それぞれを別線とするために複々線とするには,元の複線敷地と同じ幅の用地を,全長に隣接して別途に必要とする。すなわち,図52に示したように,元の複線敷地に隣接して1~2線余分に用地を新たに買収しなければならない。そのため高架化への改良工事は,用地取得費用に加えて立ち退き補償とその交渉の難行など,たいへんな困難がともなう。ところが,平地走行の複線鉄道の高架化に際して,方法と手順を工夫すれば,元の平地複線鉄道敷地のままで,新たな用地の買収はほとんどなしに高架化

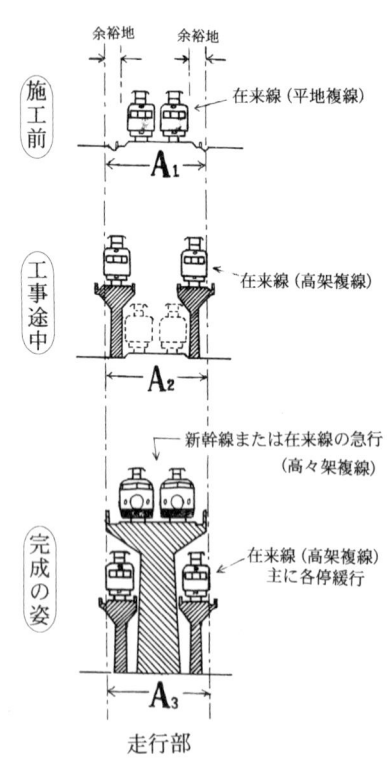

図55 平坦地走行鉄道を2層高架の複々線とする施工手順 (I)

を実現させ，それに加えて4線となる複々線鉄道を建造できるのである。

図55がその手順と方法である。この図には，列車の走行部を主体にして，施工前から完成に至るまでの姿を示してある。施工前の平地走行複線には，多少の差異はあるものの通常，通過する車両の建築限界の両外側には余裕地が存在する。この余裕地を巧妙に活用しながら，現在の高水準の土木技術の粋を尽くして立ち向かえば，複線鉄道の敷地を拡張することなく，高架で4線となる複々線を手に入れることができると考える。

写真22は，JR阪和線の我孫子町駅近くの1984年当時のものである。線路外側と道路との間に余裕地があることがわかる。また，前に掲げた写真20の直上覆工方式の高架柱脚 (近鉄南大阪線) は，まさにこの位置に建てたられたものである。まずはこの余裕地の両側に，それぞれT字形1柱式の脚柱を建てる。そして，単線ずつの高架線を建造し，ここに平地複線鉄道を高架に切り替えて運行させる。切り替えは深夜の短時間のうちに実施できるから，全工事期間

写真22 阪和線での道路との間の余裕地 (我孫子町駅付近)

を通じて鉄道営業を一日も停止せずに施工可能である。高架複線に移行した後は，両側で単独高架となった複線の中央間に生じた1線分強の空地に，それよりも大きい高々架となるT字形1柱式の柱脚を建造し，その上部を左右に張出して開いた場所に複線の道床を新たに創出する。そして，そこに急行専用の複線軌道を増設するのである。もしも費用の関係で，中央に設ける高々架の急行専用線の建造工事が遅延したり，その建設を何年か後にしても支障はなく，複線鉄道はそのまま従来どおりに営業できる。要は平地複線を部分的に高架化する工事を行うとしても，将来を見越して，両側をここで示したような単線式の高架線としておくと，確実に複々線化への途が確保される。

このようにすれば，平地走行の複線鉄道の敷地をほぼそのまま活用して，2層の高架複々線の建造が可能となるが，建造に際してこの手順を誤ると，"用地取得せずに複々線化"を実現することはできない。すなわち，平地複線を高架線にするときが，複々線化へのチャンスであり，費用ができたからといって，その度に所々で従来方式で複線を高架にしてしまうと，後から高架の複々線にしたくても，工事費用や技術面の困難のために不可能に近くなる。

2層高架を可能にするポイントは，両側の余裕地に1柱式高架線を建造した際に，両側の上方空間で外側に半線ずつ張り出して構築することにより，中央部分に1線分の余裕地を創出するところにある。そして，その中央部分に大型柱脚を建造し，その上部をさらに両側に半線ずつ張り出させ，結果的に2線分の急行専用複線を生み出す，というのがこの建造方法の特徴である。図からも想像がつくように，運行中の列車にぎりぎりに接した際どい工事となるだろうが，鉄筋の組み立ては問題ないとしても，高度な技術を要すると思われるのはコンクリートを流し込む型枠の製造と取り付けである。高電圧の架線に触れることなく安全確実に工事を進められる

かどうかが，成否を左右することになる。これらは現在の土木技術で十分に対応できるものと考えているが，この技術に関してよく研究し，適切な製品と施工法を供給できる企業連合の出現を期待したい。

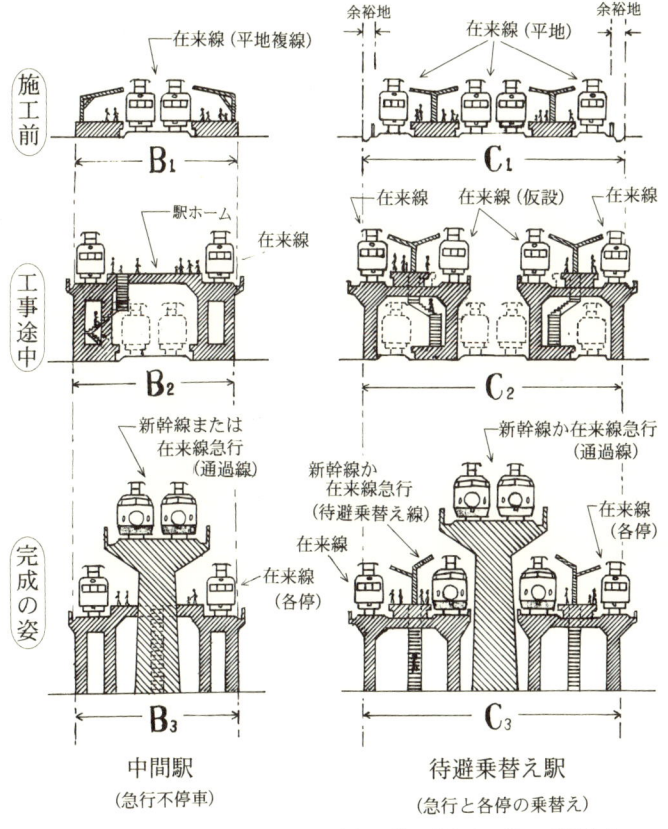

施工前: 在来線（平地複線） B_1 ／ 余裕地 在来線（平地） 余裕地 C_1

工事途中: 駅ホーム／在来線 B_2 ／ 在来線／在来線（仮設）／在来線 C_2

完成の姿: 新幹線または在来線急行（通過線）／在来線（各停） B_3 ／ 新幹線か在来線急行（待避乗替え線）／在来線／新幹線か在来線急行（通過線）／在来線（各停） C_3

中間駅（急行不停車）　　待避乗替え駅（急行と各停の乗替え）

図 56　平坦地走行鉄道を 2 層高架の複々線とする施工手順 (II)

第 6 節　2 層高架の複々線化で輸送量と高速性に飛躍を

2層高架では，最上部の急行用複線は在来線とは別線であるので，どこまでもノンストップで走行できるから，急行線は新幹線であってもよいが，本筋は在来線の急行専用線としての利用であろう。また，2層高架化の手順を援用すれば，次のような手順で平地の元駅の敷地の範囲内に，2層高架鉄道の駅も構築できる。

すなわち図 56 の左側は，急行が停車しない中間駅部の断面図である。この場合は，高々架線の下面において，高架の在来複線の間に島状の駅ホームを設けて，各駅停車となる緩行列車を停車させる。また図 56 の右側は，待避乗換駅の場合である。急行を待避しながら急行線から分岐降下してきた準急行を停車させて，同じホームの向かい側に停車する在来線の緩行 (各停) との間で容易に乗換ができる駅を実現している。この図でも，急行線は新幹線の車体姿として描いてあるが，在来線の急行専用線として使用ができることは走行部と同じである。

以上のいずれのケースも，ほとんど元の複線鉄道敷地のままで建造ができることが理解してもらえたことと思う。しかし，待避乗換駅の構造を完全にするためには，この駅の前後で，高々架の急行専用線から分岐降下させる準急の待避用の乗換線を，上空で局所的に両側に膨らんだ姿で構築する必要がある。このため，分岐点付近の箇所では，若干の用地買収の必要が生じるものと考えられる。

2層高架線では，ほぼ全線にわたって複々線とすることによって，主要駅では急行線から分岐した準急行 (または急行) などが待避的に直進路を空けるから，特急などは始発駅から終着駅まで高々架の急行専用線を完全にノンストップで走行できる。そして急行並みの速度で走行してきた準急は，待避駅で急行などの通過待ちをするけれども，待避を終えたら，列車に装備した運行安全の情報システムなどを活用して急行線の空きを見て，素早く元の急行線へと戻ればよい。ここで強調しておきたいことは，2層高架線での準急の待避

は，在来の複線鉄道の場合とその目的を異にしていることである。すなわち，2層高架では，待避の目的は，緩急乗客の乗換と，その停車駅での客の乗降が第一義であり，急行や特急の追い越しによる単純な犠牲的待避ではない。

　従来の複線鉄道では，急行が不停車の中間駅では，高速通過する急行を待避するのは常に各停列車の側であり，都心に近くて人口密度が比較的高い区域であるにもかかわらず，特急，急行，準急などの追い越しのために，各停側は何度もうんざりする待避を強いられている。それは各停利用者にとっては不愉快であるし，主要駅ではないこれら小駅は，駅前の発展もなおざりにされがちである。しかし，ここで述べた2層高架の複々線システムとすれば，各駅停車が待避のための待ち合わせをすることは全くなくなる。各停は各停だけでの密な平行ダイヤが組めるから，普通の走行速度で運行され，混雑は緩和され目的地へも早く着く。つまり，緩急合わせて総合的には著しく輸送効率が向上して混雑が緩和され，高速性や快適性など鉄道としての本来の機能を十二分に発揮させることができるのである。

　考えてみれば，もともと主要な幹線鉄道は，その創設期から複線で営業を始めている。大都市への人口集中が高度化する以前にはそのままでも足りていたが，今日のように職と住とが分離して朝夕に大量の通勤輸送の必要が生じると，都心へ近づくにつれて激増する乗客数に対応できずに経過してしまった。現在も昔のままの姿で温存されている鉄道の複線形態は，近代交通におけるもう一つのミステリーとして，問題提起されるのではあるまいか。

7節 2層高架の複々線化へのモデルケース

平地複線鉄道の2層高架化のモデルケースとして，以前にまとめあげたことのある阪和線の場合 (図57) を説明したい。

昨今は大型客船での海外旅行は斜陽となり，国際交通の手段は，航空輸送が速さと距離において最優先の地位を占めている。

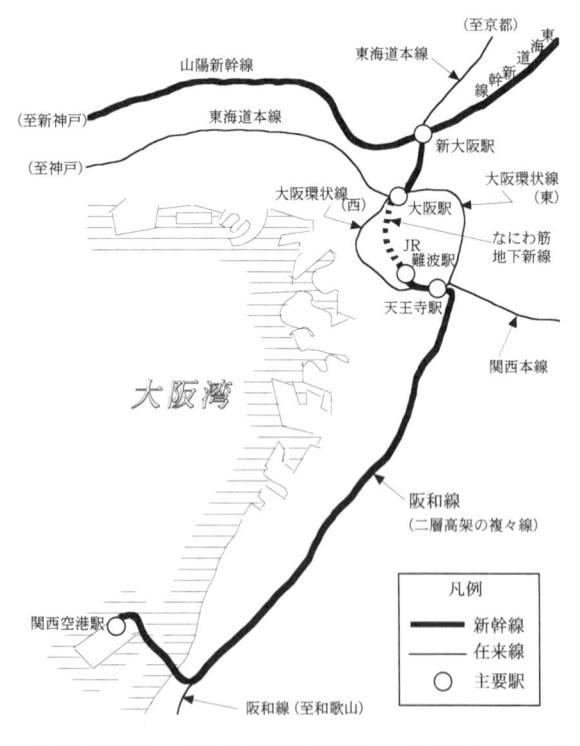

図57 阪和線の2層高架で関西国際空港への新幹線乗り入れ (案)

このため，わが国においても，首都圏に次ぐ規模の関西の地に，大阪 (伊丹) 空港のほかに，最終的に滑走路3本を有する本格的な24時間運用できる国際空港をもつ必要性に迫られた。この空港 (関西国際空港) は，巨大国家プロジェクトとして1987年 (昭和62) 1月24日に泉州沖5kmの海上に埋め立て方式での建設が本決まりとなった。そして，これに合わせて新空港への鉄道アクセスは，近くに路線を有していた南海本線とJR西日本 (当時は国鉄) の阪和線の2線が順当とされた。幸いなことに，両線はいずれもレールの軌間が1067mmの狭軌鉄道であって，海上連絡橋の線路も共通に使用できる利点があった。

ただしかし，西日本の国際空港と位置づけられた関西国際空港へのアクセスでは，わが国が世界に誇る新幹線鉄道の直接乗り入れを果たす，という夢もあった。実際，成田国際空港が完成をめざして工事が進められたときには，全国の新幹線鉄道網計画図では東京駅から成田への新幹線の路線が描かれていた。現在では，JR常磐線や総武線などからの分岐線や京成電鉄線などが乗り入れていて，空港アクセスに不自由しない状態とはなっているが，当時は新幹線計画はごく当然の国民的合意として，特に異論はなかった。

このため筆者は，関西国際空港の建設が推進されるなかで，海上連絡橋を渡って終着点の空港駅に到達するのに，ルートのほとんど全長が平地複線のままである阪和線は，2層高架による複々線を実施する格好のモデル路線である，と考えた。すなわち，阪和線は狭軌の在来線であるが，2層高架とすれば，上層の急行専用線に標準軌の新幹線を独立配線として新大阪駅から終着の空港駅まで乗り入れることが可能になる。この構想は，鉄道専門誌の「JREA誌」に論文を投稿して1981年に掲載[18]された。続いて日本都市学会新潟大会において口頭で発表し，その詳細も論文として1985年の「日本都市学会年報」[19]に掲載された。次にその概要を示す (図57

参照)。

　この構想の実現には，阪和線の大阪側終着駅である天王寺から，北へ新大阪駅に至る経路の開拓が必要となる．それには，天王寺を通る JR 関西本線 (大和路線) の終着駅，湊町駅 (現 JR 難波駅) に達している既設路線を利用して，そこから大阪市内で地下鉄線が通っていない南北大幹線街路 "なにわ筋" に地下新線を建設するルートが格好である．このルート案は当時，マスコミなどでも盛んに報道された．そして，このルートの北端には，JR 大阪駅北側の広大な梅田貨物駅移転 (予定) に伴う跡地があり，その都心超一等地の再開発が取り沙汰されていた．この跡地に大阪市都市計画に基づく地下駅が作られると，すでにここから JR の貨物線が淀川を渡り新大阪駅まで通じていることから，この駅やルートに新幹線を導入することは容易である．これらの経路 (上記したなにわ筋新線とそれに続く天王寺までの短い新幹線通路) と，2 層高架とする阪和線上層の急行専用線を結べば，関西国際空港にまで新幹線で行くことができるようになる．

　ところが最近になって阪和線では，美章園駅あたりから杉本町駅までの大阪市内の 5 駅部分を対象に高架化工事が始まった．工事方法は写真 23 のように 2 線先行工事式であり，頭端駅である天王寺から美章園駅への 1 駅間は古くから複線高架となっていることから，その姿に合わせた単純な複線高架とするもようである．JR 西日本から送付を受けた会社案内を含む連続立体交差事業資料や，運輸政策研究機構の「平成 12 年版都市交通年報」にも，高架とする阪和線が複々線となるとはどこにも記されていない．したがって，高架線に移った跡地は，大阪市の都市計画事業の一端として，幹線街路や駅前広場の再開発などに活用されるものと思われる．

　なお，1994 年 (平成 6) 9 月に開港した関西国際空港への新幹線からの乗客のアクセスには，現在は在来線を利用した "関空特急は

写真 23 現在の阪和線では高架化への工事が進む (長居駅付近 2002)

るか"や 223 系車両による"関空快速"などが投入され,大阪駅と天王寺駅間の経路は大阪環状線の西側路線が活用されていて,現状はそれでなんとかうまく機能しているようである。

2 層高架化工事によって,平地複線敷地上に高架と複々線化を創出することは,工事手順を巧妙にすれば,他の地域ででも効果的に活用できるものと考えられる。例えば図 58 に示すように,東京首都圏における民鉄各社線の現状を見れば,密集市街地を通過していて,平地複線鉄道を高架化する必要性は各所で相当に高いものと思われる。しかし通常は,平地複線鉄道は高架化されても複線状態のままであることがほとんどである。ここで述べてきたように,高架化と同時に用地買収をすることなしに一気に複々線化する方法と手順の活用を大いに期待できる路線区間はあちこちに存在する。

例えば 2002 年の半ばでは,関東圏では,東武東上線の和光市〜池袋間 (和光市〜その先の志木間はすでに平地の複々線化),西武池袋線の所沢〜練馬高野台間 (練馬高野台〜桜台間はすでに高架となり,そのうち練馬高野台〜中村橋間と練馬〜桜台間はすでに複々線が完成),西武新宿線の上石神井〜新宿間,小田急線の相模大野〜

第 7 節　2 層高架の複々線化へのモデルケース　　149

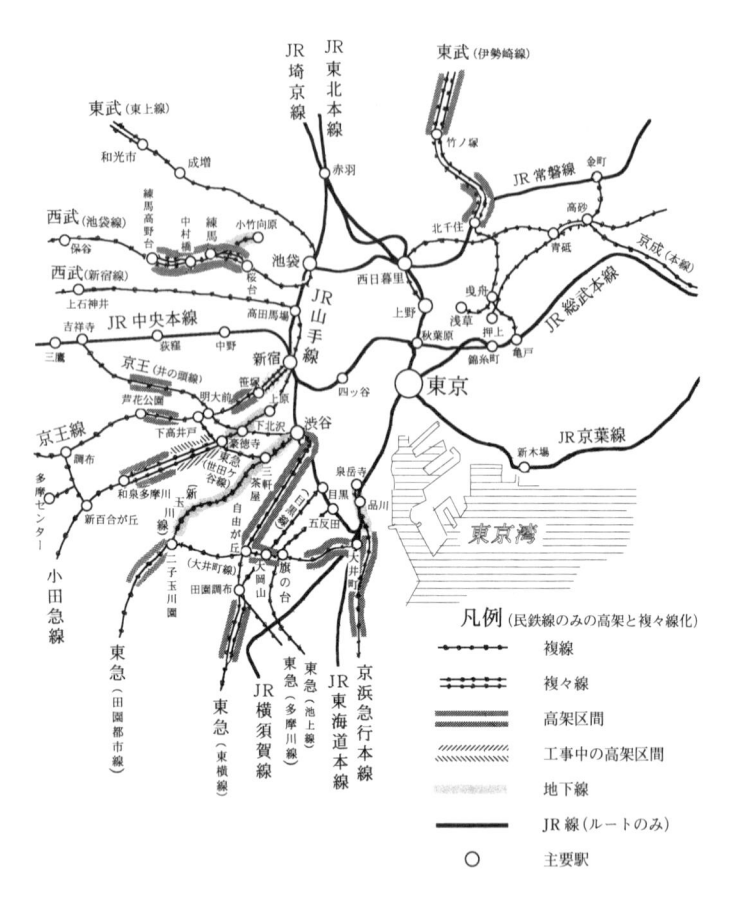

図 58 東京都区部における現在の鉄道網状況 (地下鉄と新幹線を省略した JR 線および民鉄各社線)

和泉多摩川間 (和泉多摩川〜喜多見間はすでに高架の複々線化が完成していて，喜多見〜豪徳寺間は高架で複々線化の工事中)，東急目黒線の田園調布〜目黒間 (田園調布〜その先の武蔵小杉間の東横線はすでに高架の複々線化が完成)，東急池上線の五反田〜蒲田間,

150　　第 3 章　都市圏鉄道の輸送力倍増と高速化

京成本線の京成大和田〜押上間などであろう。京王本線は所々ですでに複線だけの高架が完成してしまっているが，これらの局所高架の部分に追加工事を実施して複々線化し，残りの部分に2層高架を適用すれば，例えば調布〜笹塚間の複々線が連続して実現できることとなる。こうなれば，すでに地下線で複々線となっている笹塚〜新宿間を合わせ，調布から新宿まで連続した見事な複々線が形成される。

　ちなみに，路線によっては異なる方向からの線路が近づいた結果，あたかも複々線のように見える場合もある。しかし，これはあくまで何本もの複線がたまたま接近して並んだものにすぎず，それぞれは独立した複線で，急行も緩行も混在走行するだけであり，緩急専用のダイヤを別々に組むことはできない。このような例として，関西圏では，南海の本線と高野線が併走する難波〜岸里玉出間，また阪急の神戸線と宝塚線と京都線が並んで6車線を形成する梅田〜十三間などの短区間があげられる。

　ところで，JRの在来線の路線は，もともと長距離の都市間や遠隔地の地方とを結んできた。このため，貨物列車から各停，快速，急行，特急に至るまでの多種多様な列車の運行に対応できるように，例えば関東圏の東海道本線，総武本線，京浜東北山手線，中央本線などは，複々線かそれ以上の多重配線を有している。

　JR線のこのような輸送力強化体制は関西でもとられている。京都から大阪を経由して神戸方面に抜ける東海道本線はもともと複々線が定着しているから，関西圏のJR線の幹線についてはほとんど問題ないと思われる。しかし前述した阪和線のように，郊外から都心へと向かう通勤線として将来的に複々線化の必要性が生ずると思われる路線がある。三田方面に延びる宝塚線，学研都市線，大和路線などの都心近くの区間がそれである。このあたりの高架化を実施する際に，2層状の複々線を可能とするために中央1線分を空けた

高架複線としておけば，将来さらに交通需要が増大しても，複々線へ変更することが容易になる。

　末尾になりましたが，本節および次の第4章をまとめるにあたって，表6に掲げた協会および鉄道各社には技術資料をご提供いただき，たいへん参考になりました。路線の形態，高架化や地下化の状況など，普通では入手のむずかしいものであり，特別なお計らいに対して感謝いたします。なお，横浜と中京圏や北九州圏の民鉄各社には特に問い合わせいたしませんでした。

表6　資料を提供して頂いた鉄道各社名

鉄道会社名等	略称	鉄道会社名等	略称
日本民営鉄道協会	民鉄協会	京浜急行電鉄株式会社	京浜急行
東日本旅客鉄道株式会社	JR東日本	帝都高速度交通営団	営団地下鉄
東海旅客鉄道株式会社	JR東海	近畿日本鉄道株式会社	近　鉄
西日本旅客鉄道株式会社	JR西日本	南海電気鉄道株式会社	南　海
東武鉄道株式会社	東　武	京阪電気鉄道株式会社	京　阪
西武鉄道株式会社	西　武	阪急電鉄株式会社	阪　急
京成電鉄株式会社	京　成	阪神電気鉄道株式会社	阪　神
京王電鉄株式会社	京　王	東京都交通局	都営地下鉄
小田急電鉄株式会社	小田急	大阪市交通局	大阪市地下鉄
東京急行電鉄株式会社	東　急		

8節　1線先行高架化工事の跡地を活した3線化

　平地の複線鉄道を複線高架とする場合に，用地取得費用を最小限とする1線ずつの高架化工事 (1線先行工事型) の手順を第3節の図52に示した。

　ここで考えたいのは，このとき，1線分の用地 (跡地) が残ることである。

　跡地は線路に添った細長い用地のため，街路として利用されることが多いが，条件が悪い土地はばらばらに払い下げて，駐車・駐輪場や倉庫などに利用される場合も少なくない。しかし，せっかく入手した隣接平行用地であり，このスペースを活用して輸送力増強のためにさらなる工夫をしたいものである。すなわち，もう1線分の高架を付け加えることによって3線とする。3線式鉄道として営業すれば，複々線と同等の効果とまではいえないものの，朝と夕方の2回に逆方向きで起こるラッシュアワー時の混雑を，複々線に準ずる効率でさばけるはずである。

　図59は3線式鉄道の断面を示したものであり，2層高架による複々線化の原型をなすものでもある。この図と，前掲の図55および図56とを見比べていただきたい。平地複線の鉄道用地のままで高架化工事を推進できるという手順は同じで，立ち上げた中央線を高々架とせずに両側高架線と同一平面とした構成となっている。これにより，平地の通常複線の高架化での3線化は，1線先行工事の末に，最後に増築して3線高架として運用ができるのである。

　3線式では，渡り線を介して急行は自由に左右の緩行線に移行できるから，朝の通勤時間帯には，都心に向かう線に2線をあてて車両を増発して運行し，夕刻のラッシュ時にはその逆とする。図60

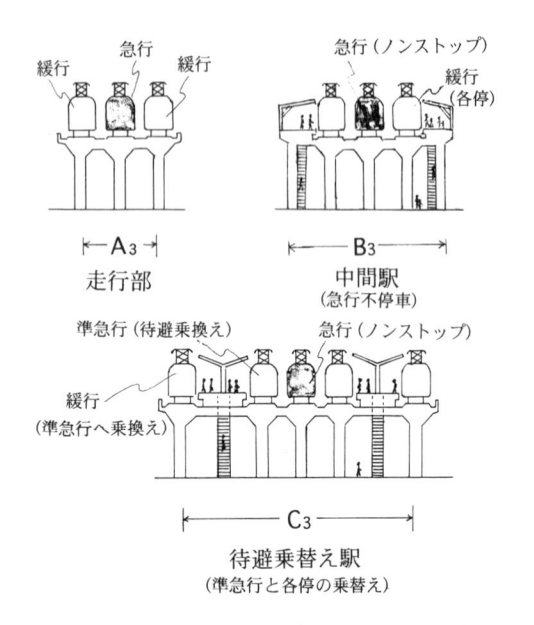

```
 緩行   急行  緩行              急行(ノンストップ)
                                          緩行
                                         (各停)
```

←A₃→		←—B₃—→
走行部		中間駅 (急行不停車)

```
  準急行(待避乗換え)      急行(ノンストップ)
 緩行
(準急行へ乗換え)
```

←————C₃————→

待避乗替え駅
(準急行と各停の乗替え)

図 59　高架を 3 線として中央線をノンストップ化する

は，このような 3 線区間の配線と，緩急列車の朝の運行状態を示す模式図である．朝の通勤時間帯はこの図のように，都心にある頭端駅へと 2 線で輸送し，中央線には特急，急行および準急行を走らせる．そして，緩急の乗換のためには準急 (ときには急行も) は待避線に入って上級列車をノンストップでやりすごし，その間に乗降客と乗換客をさばくことは 2 層高架の場合と同じである．

　早朝は都心から郊外へと向かう客は少ないので，この方向は 1 線だけの使用として片線で運行させるが，都心の頭端駅へは多数の車両が押し寄せることになる．この対策としては，頭端駅とそれに近い第一駅との間の中央線上に留置線を設け，ここで多数を連結して長編成の回送列車に仕立てる．そして，急行の直後を追従しながらほぼノンストップで 3 線区間の終わるあたりにある車庫や留置線に

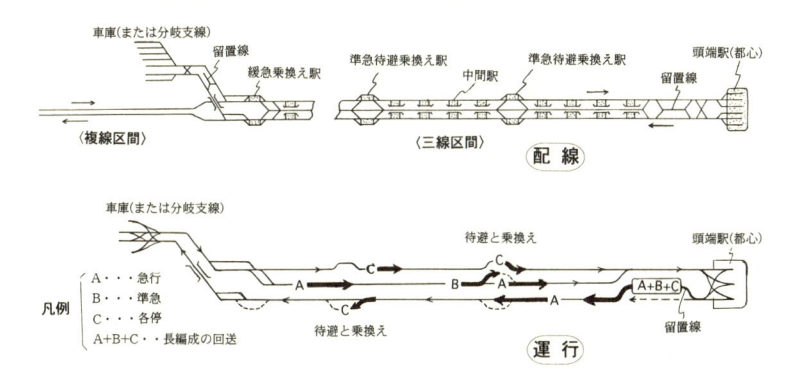

図60 3線区間の配線と緩急列車の早朝時での運行図

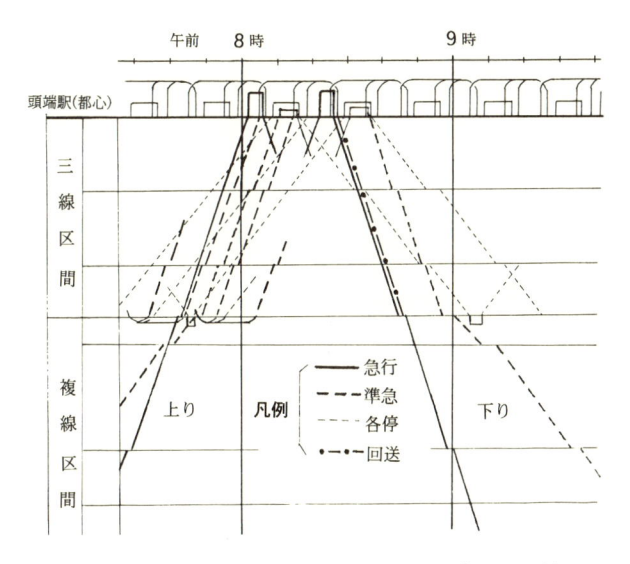

凡例
- A···急行
- B···準急
- C···各停
- A+B+C···長編成の回送

図61 緩行と急行が別線の平行ダイヤに (朝の上り線)

凡例
- 急行
- 準急
- 各停
- 回送

第8節 1線先行高架化工事の跡地を活した3線化

戻し，再度都心へと向かう2線に投入する。その運行状態の一部を示したダイヤグラフが図61である。都心へ向かう列車は，2線を緩急が別線として存分に使用し，それぞれがかなり緻密な平行ダイヤを組めるので，輸送力増強に貢献することは明らかである。そして夕方のラッシュ時にはこの配線の使用方法を逆向きとする。

第4章

大深度地下鉄道の輸送力向上の切り札

1——大都市の地下鉄道は文明の象徴, *158*
2——地下鉄工事技術の発展, *162*
3——従来型地下鉄の輸送力増強の限界, *175*
4——2層化すれば同じ断面で輸送力が倍増, *178*
5——首都東京に巨大車両の地下鉄で環状幹線を, *183*
6——関西圏2空港連絡の必要性と問題点, *187*
7——シールドトンネル1本でできる複々線の地下鉄, *194*
8——なにわ筋地下を活用する空港アクセス特急, *198*

1節 大都市の地下鉄道は文明の象徴

　現代の公共交通は鉄道に負うところが大きいが，鉄道は一定の通路 (線路) しか通れないのが本来の姿である。前章でも述べたように，鉄道は，大都市でより発展するためには，高架線化か地下線化しなければならないが，高架線化には騒音や日照権障害や景観などの環境問題が不可避であるため，これらの問題が表沙汰になってくると，高架線化よりも地下線化への要望が高まる。地下線化は高架線化よりも建設費用を要するものの，地上に存在する構築物や河川，おびただしい自動車や歩行者交通にわずらわされることなく大量の乗客を高速かつ安全に輸送でき，大都市の公共輸送交通の中核をなす。このため，国土が狭く人口が少ない国でも，国の面目にかけて首都だけにはなんとしても地下鉄を持ちたいという気運があり，表7に見るように，実に世界の88もの都市が地下鉄を保有している。大都市の地下鉄は，あたかもその国の"文明度"を象徴するモニュメントのように競って建設されている感がある。

　人口が国の中核的中心都市へと集中するのは近代化の現れである。多様で価値のある仕事は都市に集まり，そこでは生活レベルも向上するから集中度はますます増大し，その結果当然のことながら大量の交通需要が生じる。この場合の交通手段は，徒歩であれ自転車であれマイカーであれ，個人的な方法はすぐにその容量が満杯になりやすく交通渋滞となる。鉄道やバスなどの公共交通機関でも十分に余裕のある交通容量を保有していなければ，かつて東京や大阪で見られた"通勤地獄"の様相を呈することになる。そのようになると，結果的に社会の活力を削ぎ，文明の発展にとっては大きな足枷となる。そこで，他の交通機関や地形地物にじゃまされないで，

強大な輸送力が発揮できる地下鉄が必要となる。

　写真24は，わが国地下鉄の草創期（昭和2〜3年頃）における地下駅の降り口である。この写真は当時（昭和6年）刊行された図書[44]に掲載されていたもので，説明に「わが上野地下鐵入口の壮観」とあり，写真に写っている案内看板には，「浅草　万世橋方面行きのりば」と読みとれる。その着工は1925年（大正14）9月で，浅草〜渋谷間の全線開通は1939年（昭和14）1月となっていて，完工までに14年を要している。しかし表7で，東京地下鉄（営団）の最初の開通が1927年（昭和2）であったとすれば，浅草〜万世橋（現在の秋葉原の近く）間が，部分的に開通した頃とみられる。写真では，つばのある帽子をかぶって長いコートを着た紳士が，こうもり傘を携えて，下駄履きで舗装道路を闊歩している当時の国民生活のとき，欧米先進国に少しでも追いつこうとしていた日本の姿を彷彿とさせられる。

写真24　わが国地下鉄草創期の駅への降り口（東京の地下鉄銀座線，1927年頃）

第1節　大都市の地下鉄道は文明の象徴

表7 世界主要都市における地下高速鉄道の概要

国	都市	開通年	営業 km/地下部	車両数	国別の車両数計
日本	東京（営団）	1927	171.5/145.0	2 419	6 381
	東京（都営）	1960	77.2/ 69.6	736	
	大阪	1933	115.6/103.1	1 200	
	名古屋	1957	76.5/ 73.4	724	
	札幌	1971	45.2/ 40.6	378	
	神戸	1977	22.7/ 15.5	168	
	横浜	1972	33.0/ 26.8	186	
	京都	1981	26.4/ 25.8	204	
	福岡	1981	17.8/ 16.7	144	
	仙台	1987	14.8/ 11.5	84	
	広島	1994	0.3/ 0.3	138	
イギリス	ロンドン	1863	392.6/171.0	4 912	5 043
	グラスゴー	1896	10.4/ 10.4	41	
	ニューキャッスル	1980	59.1/ 6.4	90	
フランス	パリ（メトロ）	1900	201.5/	3 999	5 488
	パリ（RER）	1938	115.0/	943	
	マルセイユ	1978	19.5	144	
	リヨン	1978	25.7/ 20.6	178	
	トゥールズ	1993	10.0/ 9.0	58	
	リール	1983	28.7	166	
ドイツ	ベルリン	1902	143.0/120.2	1 552	3 588
	ハンブルグ	1912	100.7/ 41.5	953	
	ミュンヘン	1971	79.4/ 67.1	508	
	ニュールン	1972	24.9/ 18.4	150	
	フランクフルト	1968	56.1/	425	
スペイン	マドリッド	1919	120.8/	1 060	1 548
	バルセロナ	1924	71.3/ 48.0	488	
ギリシャ	アテネ	1904	25.8/ 3.0	219	219
イタリア	ローマ	1955	33.5/ 27.5	377	1 091
	ミラノ	1964	71.3/ 48.0	714	
ポルトガル	リスボン	1959	19.7/ 17.0	197	197
ロシア	モスクワ	1935	262.0/	4 237	5 706
	サントペテルブルグ	1955	94.3/	1 343	
	ニジニノブゴロド	1985	13.0/	50	
	ノボシビルスク	1985	13.0/	76	
	サマラ	1987	12.5/	—	
ウクライナ	キエフ	1960	46.5/	537	876
	ハリコフ	1984	26.0/	287	
	ドニエプロペトロフ	1995	23.0/ 16.4	52	
グルジア	トビリシ	1965	23.0/ 16.4	161	161
アゼルバイジャン	バクー	1967	29.0/	167	167
ウズベキスタン	タシュケント	1977	30.0/	164	164
アルメニア	エレバン	1981	10.5	70	70
ベロルシア	ミンスク	1984	18.5/	132	132

(「平成12年版都市交通年報」より抜粋)

国	都市	開通年	営業km/地下部	車両数	国別の車両数計
ハンガリー	ブダペスト	1986	30.8/	380	380
チェコスロバキア	プラハ	1974	43.6/	528	528
ルーマニア	ブカレスト	1979	59.2/	502	502
ポーランド	ワルシャワ	1995	11.2/	60	60
スウェーデン	ストックホルム	1950	110.0/ 64.0	867	867
ノルウェイ	オスロ	1966	108.0/ 14.5	207	207
フィンランド	ヘルシンキ	1982	16.9/ 4.0	84	84
オランダ	ロッテルダム	1968	75.9/ 11.5	171	259
	アムステルダム	1977	51.0/ 5.5	88	
ベルギー	ブリュッセル	1976	33.9/	192	192
オーストリア	ウィーン	1976	38.5/ 27.0	245	245
アメリカ	ニューヨーク(市運輸公社)	1904	371.0/323.0	5 799	10 086
	ニューヨーク(港湾局)	1908	22.2/ 11.9	342	
	クリーブランド	1955	30.7/ 0.8	60	
	シカゴ	1892	173.0/ 18.0	1 192	
	ワシントン	1976	150.0/ 52.8	764	
	ボストン	1901	74.5/ 24.0	408	
	フィラデルフィア(東南P公社)	1907	60.0/	351	
	フィラデルフィア(P港湾公社)	1969	23.3/ 4.1	121	
	サンフランシスコ(港湾鉄道公社)	1972	153.0/ 31.0	679	
	アトランタ	1979	62.9/	240	
	ボルチモア	1983	23.7/ 7.2	100	
	ロサンゼルス	1993	8.3/	30	
カナダ	トロント	1954	56.4/	628	1 376
	モントリオール	1966	65.0/	748	
メキシコ	メキシコシティ	1969	178.0/107.9	2 559	2 559
アルゼンチン	ブエノスアイレス	1913	36.5/	647	647
ブラジル	サンパウロ	1974	43.6/ 24.5	588	998
	リオデジャネイロ	1979	11.6/	146	
	ポルトアレグレ	1985	26.7/	100	
	ブラジリア	1994	20.0/ 9.5	64	
	レシフエ	1985	52.5/	100	
チリ	サンチャゴ	1975	37.6/ 24.9	322	322
ベネズエラ	カラカス	1983	42.5/	456	456
中国	北京	1969	42.0/ 42.0	304	1 355
	天津	1980	7.4/ 7.4	12	
	上海	1993	16.1/ 13.4	96	
	香港	1979	43.2/ 34.4	943	
韓国	ソウル(特別市地下鉄公社)	1974	131.6/	1 602	2 652
	ソウル(特別市都市鉄道公社)	1995	83.5/	834	
	プサン	1985	32.5/	216	
北朝鮮	ピョンヤン	1973	22.5/	168	168
シンガポール	シンガポール	1987	83.0/ 19.0	510	510
インド	カルカッタ	1984	16.5/ 14.9	144	144

2節 地下鉄工事技術の発展

地下鉄工事は，列車を通すための地下トンネルを掘る工事であり，土圧や地下水圧などに対抗して掘削される。また地下トンネルは，完成後も長くそれらの外圧に耐え抜く構造物としなくてはならない。このため，地下鉄工事には特殊な高度技術が要求される。天野ら[20]によると，現在の地下鉄工事の方法は次のように分類される。

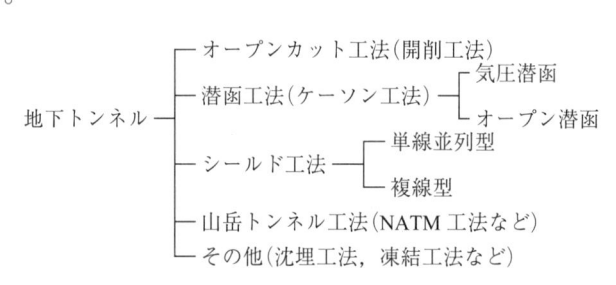

```
                ┌─ オープンカット工法(開削工法)
                │                        ┌─ 気圧潜函
                ├─ 潜函工法(ケーソン工法) ─┤
                │                        └─ オープン潜函
地下トンネル ───┤                  ┌─ 単線並列型
                ├─ シールド工法 ───┤
                │                  └─ 複線型
                ├─ 山岳トンネル工法(NATM工法など)
                └─ その他(沈埋工法，凍結工法など)
```

参考のため，主要な都市トンネル工法であるオープンカット工法とシールド工法について，以下に簡単に説明しておく。

オープンカット工法(開削工法)　地面に深い大溝を掘り，水道やガス管などの埋設物の移設や防護を施し，土留め杭を立てた後，路面に鉄板などを敷いて大溝を覆い，その上を自動車などの地上交通を工事前と同様に復活通過させながら，地下では箱形の鉄筋コンクリート製のトンネルを構築して，最後は埋め戻す——というのが標準的な工事手順である。この工法は，施工が単純で容易，工期も短いが，浅いルートでないと採用できない。

写真25はこの工法で建造されているわが国の初期の地下鉄

工事現場のようすである。この時代には工事優先であり，上面の全体を覆って，地上交通を工事中一時的にも復活させる配慮はなされていなかった。

写真 25 初期の開削 (オープンカット) 工法の工事現場

シールド工法　　地下の深いところでのトンネルの掘進は最近はほとんどがこの方法で行われている。この方法は路面交通への影響が少ない理想の工法であり，掘削機械の改良進歩も著しくて，地下の土の性質や岩盤，地下水圧に対処できるように多様化も進んでおり，作業の安全性と掘進効率が極めて向上している。

　シールド掘削機は排水管用などの小径のものから，鉄道トンネルや河川の地下化に用いる巨大なものまでいろいろあり，一般的にはスキンプレートと呼ばれる外殻 (鋼製の円筒) と，これに内蔵された掘削設備，推進設備，覆工設備から構成されている。工事の概略は，まず，鋼製の円筒 (スキンプレート) を横向きに倒した状態で縦坑内の底に降ろし，掘削対象の縦坑の側面に向かう位置に配置する。シールド機の頭端は多数のカッターを有する回転円盤を備えており，これをジャッキ力で掘削

面 (切羽(きりは)) に押し当てて土砂や岩盤を削り取りながら少しずつ前進する。前進したシールド機の後ろ側には，セグメントと呼ばれる鋼製や鉄筋コンクリート製のブロックを次々に装填していき (覆工)，円筒状のトンネル躯体壁を構築する。

地下鉄発祥の地は，産業革命を伸展させたイギリスのロンドンであったが，昔の地下鉄建設はすべてオープンカット工法で作られていた。

ベンソン・ボブリック著「世界地下鉄物語」[21]によると，かつて産業革命で世界の先進国を自負していたイギリスでは，首都ロンドンに人口が集中して，馬車交通時代であるにもかかわらず道路は大渋滞し，地下鉄道建設への要望が高まった。それでとにかく地下線へ鉄道を導入してみたが，当時の鉄道は蒸気機関車牽引であったことから，ところどころで地上へ煤煙抜きの穴を作ってはあったものの，ひどい煤煙に悩まされることとなった。当時では最先端の交通機関である地下鉄を利用した上流階級の乗客は，一度乗っただけで顔や衣服が煤煙で真っ黒になったという。

その後，内燃機関の自動車よりも早くに電車が実用化され，地下鉄には願ってもない駆動方式としてこれを採用し，今日に至っている。

ところで，ロンドン市街にはかなりの大河川であるテームズ川が貫流している。地下鉄建設においては，この川底をいかに潜り抜けるかが最大の課題であった。これを解決したのがフランス革命の際，アメリカへ逃れていた発明家のマルク・イザンバール・ブリューネルである。彼が登場する以前に，本格的な川底トンネルを目指した工事は 1 例だけであった。

当時のロンドンでは，テームズ川両岸に発展した巨大な人口を擁する街々の渡河を望む多くの人々は，フェリーに乗るか，または大きく迂回して唯一テームズ川に掛かったロンドン橋を利用するしか

なかった。ロンドン橋は大混雑をきわめて渡橋には長時間を要した。郊外の農民が売ろうとして持ってきた新鮮な野菜が，橋の上でしなびて売り物にならなくなっていくのをどうすることもできなかったといわれ，その混雑ぶりは絵画にも描き残されている。

　このような社会背景のもとで，1087年にテームズ川の河底を潜る地下トンネル建設が，熟練鉱山技師などを招いて行われたが，完全に失敗していた。そこでウエリントン公爵の計らいによりブリューネルが招聘されるとともに，トンネル建設会社が設立された。トンネル建設地点は，前回失敗した場所からそれほど遠くないラザーハイス～ワッピング間と決定した。イギリス議会は建設許可法案を全会一致で可決，王宮の同意も得られ，建設計画は国家的事業として位置づけられた。

　写真26の断面図は，ブリューネルのシールド掘削推進状況を示したものである。シールドは12の大きな鋳鉄製フレームを組み合わせた3階に分かれた巨大な構造物である。その前面には，36人の男が作業する小房が蜂の巣状に作られていたという。掘削作業者

写真26 ブリューネル考案による最初のシールド掘削状況
　　　　（世界地下鉄物語より）

は，シールドの前面に差し渡された細い杭で支えられた板 (土や水の圧力を支える) を 1 枚ずつ取りはずしては 6 インチ (約 15 cm) の土を掘り進み，掘り終えるたびに板をその前方にはめ込んでいく。このようにして小房前面の個々の作業が完了したら，シールドのフレーム全体をジャッキの力で前進させ，再度同じように掘削作業を繰り返す。そして，このとき，小房での作業者と背中合わせの位置に配された煉瓦職人によって，シールド機の円筒が前進したすぐ後には煉瓦がきちんと多重に張り巡らされ，強固な内壁が構築されていくのである。

このシールド工法は，昔，ほとんどの船が木造であった頃に，ブリューネル自身が港で観察した船食い虫の '穿孔技術" にヒントを得て考案したといわれる。この虫は分類学上は二枚貝であり，食い進んだ跡に柔らかい自身を守るための貝殻を分泌し，トンネル状の通路跡を残す。

さて，トンネルは高さ 22.5 フィート (6.8 m)，幅 38 フィート (11.6 m) の煉瓦造りの構造物として設計され，全行程は 2 本の馬蹄形アーチに区分されており，間はオープンアーチの隔壁で仕切られていた。

そして，掘削工事は，沈泥や水を含んで完全に流動的になった砂泥層に次々とぶつかって，水と沈泥が容赦なく内側に噴出し，有毒な硫化水素ガスやメタンガスなども発生して困難をきわめ，作業員の人身事故もたびたび起きた。これらの事故により，トンネル掘削は何度も断念の瀬戸際に追い込まれた。

しかし，ブリューネルは不屈であった。「ときには完全に水没したけれども，作ったトンネルの形状はそのままよく保たれている」といって諦めず，この彼の確信が何度も工事関係者を立ち直らせ，排水を繰り返してはさらなるシールドの掘進へと立ち向かわせた。もっとも，その彼も，計画の困難さや危険性に無知な素人の取り巻

写真 27 完成したテームズ河底トンネルの断面図(「世界地下鉄物語」より)

きや,物見高い野次馬の行動には悩まされたようである。工事半ばで,会社や市のお偉方たちが坑内で祝賀会や音楽会を開催するなど,目にあまるものがあったという。

トンネルの開通は1840年4月のことであった。対岸の干潮標識の真下に達したとき,轟音とともに地面が30フィート(9.1m)も陥没した。地上の人たちはトンネルが崩壊したものと思い,先を争って家から駆けだし,またトンネル内の作業員は切羽が破壊され大水がどっと押し寄せると思って,数人を残してほぼ全員が慌てて逃げだした。しかし,水の代わりに流入してきたものは,大量の新鮮な外気であった。

その後,地下道へ昇降する螺旋状階段を納めたシャフトの取り付けや,トンネル内面の化粧直しなどの仕上げ工事を行い,1843年3月25日に公式に開通が宣言された。開通時には,狂喜したロンドン市民たちがさまざまな旗や幟(のぼり)を手にして行列をなし,最初の24時間で5万人が,4月30日までには49万5000人が,そして15週間で100万人がトンネルを通り抜けた。

この400ヤード(365m)のテームズ川河底トンネルが完成するまでには,実に18年と1ヶ月の歳月と60万ポンドの費用がかかったという。しかしこれは,人類が真っ暗闇の河底下の大地に挑戦し,泥と水と岩に立ち向かって最初の勝利を勝ち取った輝かしいモ

第2節 地下鉄工事技術の発展

写真 28 テームズ河底トンネルの内部 (「世界地下鉄物語」より)

ニュメントである。

写真 28 はテームズ河底トンネルのそのときの内部のようすであるが，当時の技術のレベルとしては誠に堂々としたものである。1865 年，東ロンドン鉄道会社がこのトンネルを買い取り，自社鉄道の進入経路を建設した。以来，トンネルはロンドン地下鉄網の一部となり，今もその中を地下鉄道が走り続けている。このことからも，このトンネルがいかに堅固かつ安全に作られたものであるかがわかる。——以上のことはベンソン・ボブリックが「世界地下鉄物語」[21] で詳しく述べている。

地下を掘削して鉄道が通れるような巨大なトンネルを建造するシールド工法は，ブリューネルの時代以後，技術的に長足の進歩を遂げ，今では大河川の下はもとより，津軽海峡や英仏海峡の海底下にも，列車の通れる海底トンネルが出現している。

写真 29 は，現在の複線鉄道用の大口径シールド掘進機の前面カッター部である。左下前方に置かれた乗用車と比べると，その巨大さは目をみはるものがある。ちなみにこの写真を論文[22] に掲載された伊藤靖博氏によれば，このシールド機は外直径 10.48 m で，

写真 29 大口径シールド掘削機の前面カッター部 (伊藤靖博)

写真 30 一次覆工完了によるセグメント張り内面 (伊藤靖博)

1992年に名古屋市営地下鉄6号線の今池駅〜野並駅間8.3 kmの工事で発注されたものである。また写真30はその工事で、シールド機の通過した後にセグメントを張り終えたトンネルの一次覆工が完了した状況である。

次に、図62は多様に開発が進んだシールド掘進工法の一部を紹介したものである。左図はカッターを回転させながら切羽を切削し

第2節　地下鉄工事技術の発展

ながら，出てきた排土をすぐに取り去るのではなく，スクリュウコンベヤーの回転を調節して，掘削室に内側より一定の土圧をかけ続けながら作業をする，外圧に対抗する工法である。また右図は，切羽面に内側から積極的に加圧した泥水を注出して，スクリュウコンベヤーの調節と合わせて，土圧と地下水圧に対抗する。図 62 のいずれの工法も，加圧部分は先端の掘削室に限られるから，セグメントの張り付けや排土作業をする後方は常圧の環境のままとすることができ，作業員の労働環境に支障をきたさないですむ。

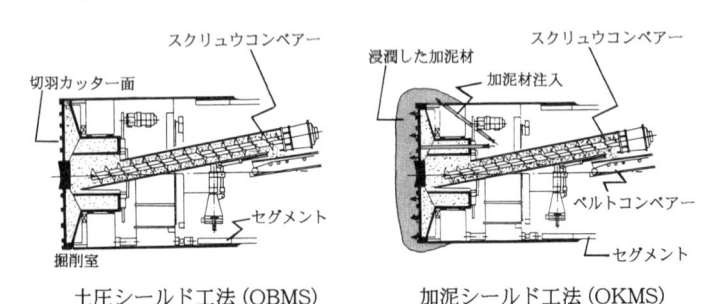

土圧シールド工法 (OBMS)　　　加泥シールド工法 (OKMS)
図 62　土圧に対抗して掘削するシールド切羽の構成
((株) 奥村組カタログより)

図 62 が記載されている (株) 奥村組のカタログには，注出泥水をさらに加圧して深い地底での高い地下水圧の滲出に対抗する工法や，切羽部分に限定して高い気圧を与える密閉式機械掘りのシールド工法，地底粘土に大量の水分を含んでほとんど流動性となっている軟弱地盤でもシールドトンネルを作ることのできる工法など，多様な掘進機が商品として掲載されている。

このように現在では，ブリュネルを悩ませた軟らかい土砂などのほかにも，さまざまな土質に適応でき，作業員の手掘りによらずに自動機械掘りのシールドマシンが世界の主要メーカーで開発され，多くの都市の地下鉄掘削で活躍している。

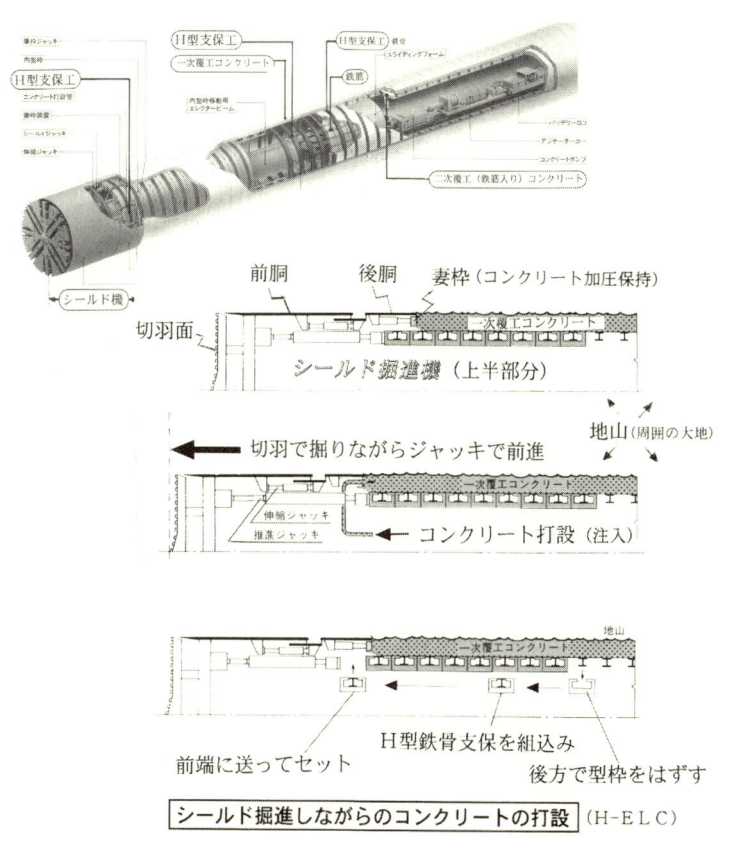

図 63 新型シールド工法 (H-ELC) のシステム (鉄建建設 (株) のカタログより)

図63はセグメントを使用しない新方式のシールド工法 (H–ELC) である。通常シールド掘進システムは土中に展開しているため、その全体の姿はわかりにくいが、この図はイラストで表現されていてよい参考になるので引用させていただいた。

鉄建建設 (株) のカタログを見ると，この工法は，通常のシールド工法ではセグメントを使用する一次覆工を，1/4 円周に分割した H 形鋼材をトンネル内で組み合わせて真円環状の鉄骨 (H 形支保工) を製作してトンネル躯体の強度を持たせている。この H 形鉄骨を組み合わせるときに，鉄骨の外周一面を露出するように鉄骨体を包含する円周に沿った型枠を装着し，この露出した鉄骨を保持した型枠の外側の地山 (大地) との間に，加圧コンクリートを注入して一次覆工を完成させるのがこの工法の特徴である。流動性のある加圧コンクリートは，伸縮ジャッキで押しつけられた妻枠で強く保持されながら外部と気密的に遮断されている空間に注入されるから，コンクリートは地山の隅々にまで浸透圧入されるので，結果的には地山と一体構造となって，強度的にもまた地下水に対しても完璧なシールドトンネルが形成される，とされている。

最近，東京や大阪などの巨大都市では，大深度地下利用の気運が高まっている。これは，従来の地下鉄やビルの地下室，また大通り下の地下の商店街よりもはるかに深い地下を利用しようとするものであり，各省庁で研究会が持たれて，法制化が準備されつつある。1988 年 3 月 7 日および 4 月 21 日の朝日新聞夕刊の記事によると，臨時行政改革推進審議会の土地対策検討委員会は，地下鉄などの建設で地下 50 m よりも深い部分の開発においては，公的利用を前提とした私有権の枠外の扱いとし，運輸省 (当時) では採算性を含めた土地利用と技術的実現の可能性を表明している。これらにより，大深度地下鉄道の構想が一挙に浮上し，注目される情勢となってきた。

鉄道の新線建設では，第 3 章でも述べたように，用地取得の困難性がまず障害となる。複雑な土地所有に関わる私有権を解きほぐし，買収費用の高騰を極力抑えつつ，時間をかけた交渉が始まる。

この事情は地下の鉄道施設工事の場合も例外ではなく，今まで一般的には土地の所有権に抵触すると解されるのが普通であった。民法207条は「土地の所有権は，法令の制限内において，その土地の上下に及ぶ」と規定しているからである。

しかし，これを条文どおりに解釈して，上は成層圏に至るまでの空間がその土地の私有空間であるとすれば，その上を飛ぶ航空機はいちいち土地所有者に通行の断わりを得なければならないことになってしまう。

地下に対しても同じことがいえる。現実には建物を支える基礎構造物の深さは，建物の大きさにもよるが，ほとんどの場合は地下40mあたりまでである。したがって，50m以深の地下空間の公的な利用については，地上における通常の土地私有権に制限を課するのである。すなわち，50m以深の地下空間の公的利用は無料にするということである。この考え方のきっかけとなったのは，坂田氏の著書[23]によると，東京地下鉄半蔵門線の地下鉄建設工事であった。渋谷～青山一丁目間は5年2ヶ月，青山一丁目～永田町間が6年6ヶ月とほぼ普通の建設期間で完成開通しているのに，半蔵門～三越前間は，一坪地主といわれる零細地権者が300人もいて，その人たちとの補償交渉が長引いた結果，開通までに実に15年半という歳月を要したという。

しかし，地下鉄道の新設は，用地費がゼロになってもまだ工事にかかる費用はかなりの高価格となる。そこで，掘削断面を小さくしたミニ地下鉄が検討され，実際に東京や大阪で実現している。東京都営の大江戸線，大阪市営地下鉄の長堀鶴見緑地線がそれである。

この両線には最新の地下鉄技術が結集されている。なかでも電力駆動方式は，従来の回転モーターに代えてリニアモーターが採用された。回転モーターでは，その中心に納める回転子を強力に駆動するためには，力率の関係から外周の一次コイルを一定以上の大きさ

としなければならず，車両の床下にそれを収納する相当な空間 (高さ) を要するため，車輪の大きさを通常以下に縮小することはできなかった。一方，リニアモーターでは，一次コイルは平たく線状に引き伸ばすことができて，車両の床下空間を節減し，小径車輪で十分間に合うこととなり，後述の図 66 中に掲げた中量地下鉄車両と，それを実際に採用した地下鉄として写真 31 の大阪長堀鶴見緑地線が出現することとなった。

写真 31 で，レール間に置かれた平たい金属板は，二次コイルに相当する銅とアルミによる設備であり，車両側床下に装備された一次コイルを荷電すると，二次側を荷電しなくとも誘導電流が発生して推進力が生ずるという原理が利用されている。そして，車両側の一次コイルへの荷電と車内灯などへの電力供給の必要から，パンタグラフによる天井の架空線からの集電は必要である。なお，この新技術は，後述する広幅車体の地下鉄システムを可能とする貴重な基本技術である。

写真 31 リニア推進の地下鉄　(大阪市長堀鶴見緑地線)

3節 従来型地下鉄の輸送力増強の限界

トンネル内を走る複線地下鉄道では，往復車線は左右並走するのがこれまでの常法であった。現状の地下鉄路線をそのままとして輸送力の増強を図るには，地上線と同じように列車間隔を詰めて走行させる"増発"が最も容易な方法と考えられる。しかし都市が発展して高密度となり乗客数が増大してくると，増発はすぐに限界に達することになる。そしてラッシュアワーでは，駅ホームでの客の乗降に時間を要し，それがさらに定時運行の妨げとなるという悪循環が生じ，ときには収拾のつかない事態を招く。

輸送力増強のもう一つの対策は"増結"である。これは車両を多数連結(長編成)とするものであり，1列車の乗客収容量を増大できるからその効果は大きい。しかし，長編成とするには，駅側にそれに対応できるだけの設備(長いプラットホーム)を必要とする。

列車を走行させながらの駅ホームの延長工事はかなり厄介であり，地上走行路線の場合でもこの延長工事は，長編成列車が停車するすべての駅に対しても実施しなければならないから費用も大変かさむが，第3章にも述べたように地上線では不可能ではない。しかし地下鉄道の場合は事情が一変する。一度完成して運用を開始した後では，ホームの延長工事は"トンネル内"という環境の制約からまず不可能に近く，"増結"は現有の駅ホーム長の範囲を超えることはできない。

"増発"や"増結"によっても解決し得ない場合には"増線"という最後の手段が考えられる。

"増線"とは，現在ある複線の全長にわたって平行して新たに複線鉄道を追加敷設するものであり，膨大な費用を要する新線敷設と

同じである。ただしかし，増線によって結果的に4線の複々線が得られれば，それらを機能的に上手に運用――前章で述べたようにそのうちの半分を急行線用線として活用――すれば，緩急別々に平行ダイヤが組めるから，現実には2倍以上に輸送力を向上させることができる。

しかし都心の地下鉄はほぼ各駅停車である。それなのに緩急別の"増線"をして輸送力を増強しようなどという提案は，ナンセンスとして退けられるのが落ちである。通常は新線を作るなら，要望される関連地域と接近していても別ルートを選び，なるべく二重投資を避けるようにするのが常識であろう。

ところで，鉄道の輸送力増強としては，以上のように"増発""増結""増線"の3方式が考えられるが，地下鉄の場合にはそのほかに"増幅"という魅力的な手段がある。これについては次節で述べるが，その前に"車両限界"と"建築限界"についてふれておく。

"車両限界"は，地上を走行する普通の鉄道車両が，対向列車とのすれ違い，駅ホームへの侵入，トンネルや橋梁の通過に際して，また信号機などの設備に対して，これらと接触や衝突しないようにするために決められた，車両の最大許容寸法に関する規定である。すなわち，内側から見てこれ以上大きい車体の車両は作ってはいけない，という規定が"車両限界"である。一方，車両は，走行時に少しは左右に動揺するし，また車掌や乗客が車窓から手や顔を出すこともある。このため，外側から見て，信号機や標識等の線路構造物等を一定の距離を超えて列車に近づけて設置してはならない，という余裕空間の限界に関しても規定されており，こちらは"建築限界"と呼ばれる。わが国における"車両限界"と"建築限界"は在来線用と新幹線用とがあり，当然，新幹線用は在来線のより少し大きく設定されている。

さて，地下鉄道の場合は，地上線鉄道と相互乗り入れをしない場

合には，地下路線だけを閉鎖的に独走させる空間域を設定することが可能である。その場合は，地下鉄の車両サイズは，基本的に地上線の車体サイズに合わせる必要はないだろう。換言すれば，実用性をふまえてトンネルサイズが決定されて建設費用に見合えさえすれば，どんなサイズの車両を使っても本質的な支障は生じないものと考えられる。

　現在使用されている地下鉄車両は，すべて地上線鉄道車体のサイズに準じて製造されているが，車両のサイズは，普通の身長の乗客が，注意したり考えたりせずに平然と列車に乗降して利用するのに適当な大きさであればよいはずである。リニアモーターを搭載し，トンネル断面を小さくしてコスト低減を図った低床のミニ地下鉄も，乗降客の負担とならない客室サイズが確保されていれば問題はない。それで省スペース化を図るため，パンタグラフによる集電をやめて"第三軌条"集電方式を採用した地下鉄なども大都市に多く出現している。このような規格や方式を採用してしまうと，他社線を導入する相互乗り入れができないけれども，専用軌道として運用するのならば支障はない。

　今までの地下鉄車両の車高と車幅は，車両製造の設計図面の段階から，地上線鉄道車両のコピーであったとしか考えられない。これは，地下鉄道の車両がこのままの姿であるならば，輸送力増強に対しては，増発，増結などの平凡な姿で対応することしかできないということを意味する。

　ところがここに，地下鉄線だけにしかできない輸送力倍増の効果的な方法がある。ただし，それを行うには，その地下鉄線建設の最初から計画する必要がある。そしてそれは，円形断面のシールドトンネルの使用方法に，従来の慣習にとらわれず新たな発想を導入することによって可能になるのである。次節ではこの方法について説明する。

4節 2層化すれば同じ断面で輸送力が倍増

　地中深くに構築される地下鉄トンネルの内部形状は，シールド掘進機前面カッターが円形に回転し，それが通過した跡には，セグメントにより円筒形状の躯体壁が構築されることによって，円筒形空間として提供される。通常，一般の地上鉄道線は往復を必要とすることから複線による左右並走が行われ，同時に建築限界の枠内での供用が必須の前提条件である。しかし，これからは上記の前提を考えなおす必要はないだろうか。前提条件にとらわれずに自由に考えることによって，文明の利器である交通機械をよりいっそう効率的に活用する"別の途"が見えてくるのである。

　本節で提起する新しい考え方による地下鉄線の構成は，複線は左右並走という従来の考えの枠から脱出して，円形断面のシールドトンネル内を上下2層の複線として使用するものである。こうすれば，車体幅を著しく拡張することができて，輸送力を倍増以上に向上させることが可能となる。

　図64は，図中左の在来の複線シールドトンネルをそのまま活用して，図中右のように上下2層の複線軌道としている。こうすれば，同サイズのトンネルを使いながら，2倍もの幅広車体の列車を走行させられる。この場合は，前述したリニアモーター駆動の小径車輪による低床車両を必要とする。しかし，その製造技術はすでに実用化されているから，問題はないだろう。ただし，既成の車両限界や建築限界を超えるサイズとなるので，規制枠は新たに設定しなおす必要が生じる。またわが国には，新幹線用に図65の左のような大口径シールドトンネルを構築してきた実績がある。これを活用してほぼ同サイズのトンネルとすれば，図中右のようにさらなる超

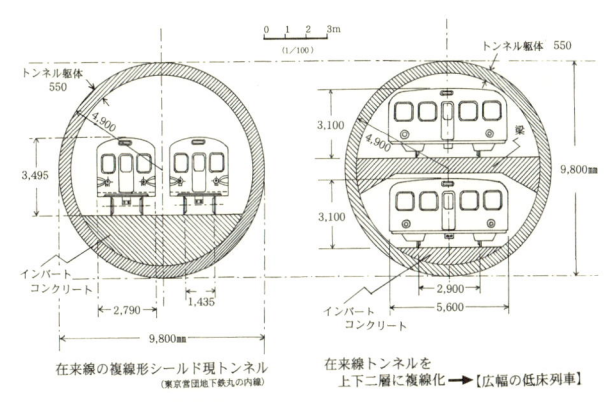

図64 在来線の複線サイズのシールドトンネルを広幅列車の
上下2層の複線とする方法

在来線の複線形シールド現トンネル
(東京営団地下鉄丸ノ内線)

在来線トンネルを
上下二層に複線化 ➡【広幅の低床列車】

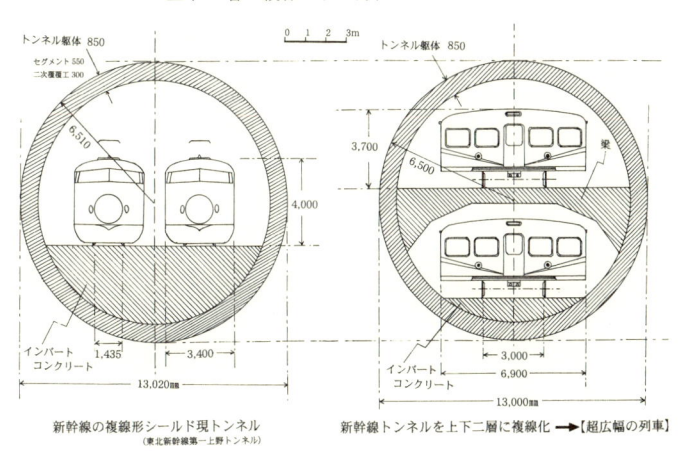

図65 新幹線の複線サイズのシールドトンネルを超広幅列車の
上下2層の複線とする方法

新幹線の複線形シールド現トンネル
(東北新幹線第一上野トンネル)

新幹線トンネルを上下二層に複線化 ➡【超広幅の列車】

広幅車体の列車を普通車高のままで供用することが可能になる。
　すなわち輸送力の増強については，"増幅"という地下鉄線だけ
でしか活用できない方法があり，これは建設の当初から十分に計画
に織り込んでおくことにより，巧妙に実現させることができる。

第4節　2層化すれば同じ断面で輸送力が倍増

表8 シールドトンネルの種類と地下鉄輸送力の比較

複線トンネルの種類	トンネル内複線の形態	掘削する断面半径 (mm)	掘削断面		車体幅 (mm) [特徴]	輸送量 (車体幅に基づく)	
			断面積 (m^2)	在来線トンネルに対する倍数		在来線の倍数	新幹線の倍数
在来線用	左右並走	4 900	30.79	1.0	2 790 [在来線幅]	1.0	—
在来線トンネルを2層複線化	上下2層	4 900	30.79	1.0	5 600 [低床車体の広幅]	2.0	1.7
新幹線用	左右並走	6 510	40.90	1.3	3 400 [新幹線幅]	1.2	1.0
新幹線トンネルを2層複線化	上下2層	6 500	40.84	1.3	6 900 [超広幅]	2.5	2.1

以上の輸送力増強に関係する寸法をまとめたのが表8である。

在来線の普通サイズのトンネル(複線左右並走)を上下2層の複線とすると,低床車体の広幅車両を利用するとした場合,輸送量は2倍ともなる。そして,さらに大きいサイズの新幹線用トンネルを上下2層で供用すると,低床車両を使わなくても,実に2.5倍の輸送力が発揮される。この場合に用いる車両の幅は,現用の新幹線車体の2.1倍もの広さに達する。

このことをよりわかりやすくするため,トンネルから車体だけを取り出し,同縮尺にして並べて比較したのが図66である。扁平車体の車両がいかに大きいか,その違いは驚嘆にあたいする。

円形断面のシールドトンネル内を上下2層として利用するには,上方線の道床を支えるのに一工夫を要する。図67はその機構の構造を説明したものである。梁を支えるため,トンネル内面壁にその

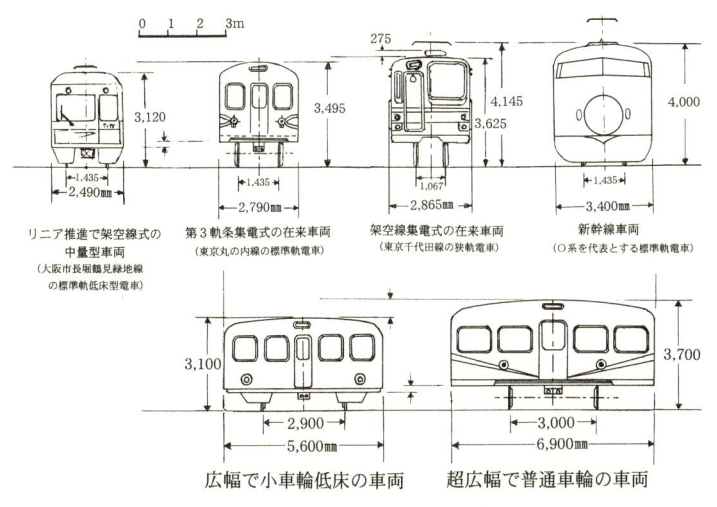

図66 現在の実用車両の規格寸法と広幅車両との寸法比較

　曲率に合わせて鋼材などで"弧状支柱"を設ける。この支柱はトンネル壁面に添って防震ゴムなどをはさんであてがうが、トンネル躯体の壁面には直接固定せずに、相互に自由に動ける状態にしておく。そして弧状支柱は下端のみ"踏み圧板"と溶接し、インバートコンクリートを斜め上両側からはさむようにボルトで固定する。

　このような構成により、上層車両の荷重や振動による力は主にインバートコンクリートで支持されるが、トン

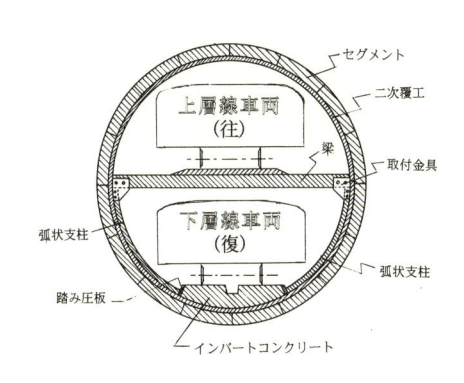

図67 2層シールドトンネル内の上層線の支持機構

第4節　2層化すれば同じ断面で輸送力が倍増

ネル躯体の下方壁面に接する弧状支柱の側面も，防震ゴムを介して荷重を分散させるから，多数のセグメントの組み合わせによって構成される躯体壁面の局所に荷重や振動が集中することは少なくなる。なお，構造力学的には，柱と柱の間に"すじかい"のような斜材が必要となるかもしれない。

図68に，このようにしてシールドトンネルを上下の複線で使用する場合の駅部の構成を示した。上下2層状の走行車線のままで地下駅の両側ホームに同時に接することができるので，駅に到着した列車のドアも左右同時に開閉して，片側を乗車専用に，他の側は降車専用とすれば客の流れは極めて円滑となり混雑を回避できる。また同時に，駅での停車時間も少なくなるから，スピードアップにも大いに貢献することができる。この場合に車両の各扉を左右互い違いの位置に設ければ，乗降客の流れはさらに円滑となる。

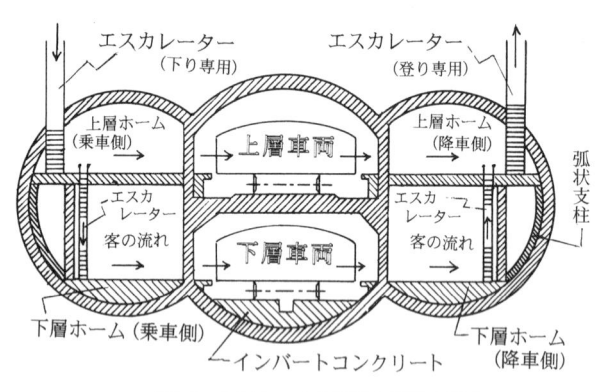

図 68 2層シールド複線の駅部の構成

大口径のシールドトンネルによる地下鉄道は，建設費用も膨大なため普通の中～大都市にはもったいないしろものであるといえる。しかし，先進大国の首都や中枢的巨大都市の幹線として建設するのならば，今後の都市発展へのおおいなる貢献が期待できるだろう。

5節 首都東京に巨大車両の地下鉄で環状幹線を

　東京の地下鉄路線は1938年(昭和13)の表参道〜渋谷間の銀座線完成に始まり，現在では都内地下を網の目のように四通八達している。これらの路線網は，慣れた地元都民には大変便利であるが，外来者にとっては複雑すぎて，カラーで色分けされた案内地図を携行して目的地までの道順を綿密にチェックしておかなければ，都市ジャングルの中で迷子になってしまう。この錯綜した路線網は，後から敷設される路線が，地下鉄の恩恵をまだ受けていない地区へと，空きスペースを選んで，次々と潜り込むように伸びて形成されたものであり，そこには古代都市の平安京に見られるような，南北通りと東西通りが直線で十文字に交差するといった規則性はない。

　東京の鉄道交通においては，広域な環状ルート線であるJR山手線が昔から基幹的役割を果たしてきた。山手線上の駅での乗降はもちろんのこと，山手線に接続したり交差する他の鉄道線への乗換を前提とする利用客も極めて多い。

　JR東日本の「会社要覧(2001)」によれば，ラッシュ1時間における山手線主要駅間の混雑率は，外回り・内回りともに200％を超えており，この線が慢性的な混雑路線であることがよくわかる。また同要覧には，JR東日本管内における客の集中状況について表9が掲載されている。この表は，乗車人員ベスト100の駅のうち，上位20番目までを示したものであるが，ここには山手線の駅が実に13駅も集中している。

　これを見ても，山手線の輸送能力は今や限界に達していると考えられ，東京都心に幹線的な機能を備えた強力な環状の地下鉄道を建設することが望まれる。

表 9 乗車人員ベスト 20 位までの駅 (JR 東日本管内 2000 年度)

順位	駅名	乗車人員 (平均/日)	順位	駅名	乗車人員 (平均/日)
1	**新宿**	753 791	11	北千住	183 611
2	**池袋**	570 255	12	川崎	156 291
3	**渋谷**	428 165	13	**有楽町**	156 273
4	横浜	385 023	14	**田町**	154 714
5	**東京**	327 611	15	**浜松町**	152 620
6	**品川**	253 575	16	柏	149 376
7	**新橋**	230 393	17	**秋葉原**	137 736
8	大宮	228 219	18	吉祥寺	136 927
9	**高田馬場**	211 761	19	立川	132 672
10	**上野**	189 388	20	**五反田**	132 411

(注) 太字は JR 山手線の駅

　現在,東京都地下鉄線で環状的なルートを形成しているのは都営の大江戸線だけである。しかしこの線は,車両がひとまわり小さい中量型電車 (大阪市の長堀鶴見緑地線と同じリニアモーター推進) であり,さらにその環状ルートの規模は小さくしかも図のように南東に片寄りすぎている。そのため,ここでいう環状の幹線機能を十分に果たすことはできていない。

　首都東京の現状を打開するために建設する"環状の地下鉄幹線"は,JR の山手環状線の負担と混雑を軽減させるため,そのルートを図 69 に示すように東西に横長の楕円とし,現在の南北に縦長の山手線を補完するのが好ましい。また,利用に際して一見してどの路線にも容易に到達できるわかりやすいルートであることも必要である。

　図 69 のルートで特に考慮した点は,乗降客が最大の新宿駅の通過を避け,民鉄各社線が新宿に到達する手前で,超広幅車体のゆっ

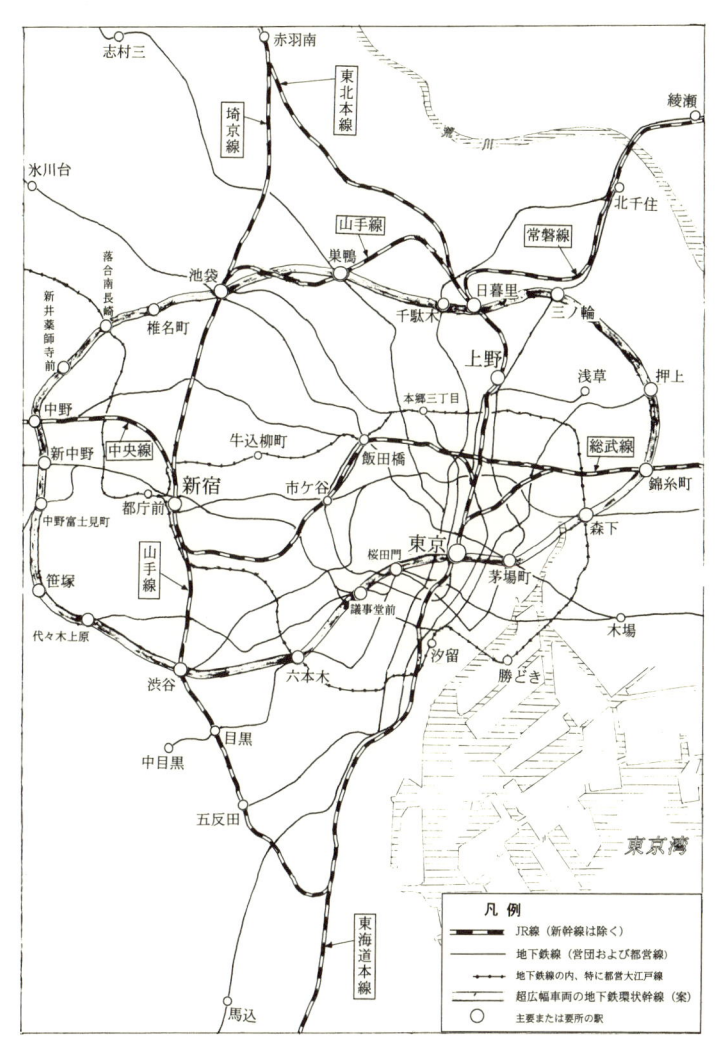

図69 東京都地下鉄網の現状と超広幅車両による環状幹線の確立(案)
(民鉄大手各社線は省略)

第5節 首都東京に巨大車両の地下鉄で環状幹線を

たりと乗れる地下鉄で拾い上げるようにしたことである。このやり方は、ルートの東側でも同様であり、上野駅や秋葉原駅などを回避した姿となっている。

これに対し、大東京の玄関口の東京駅は、なんとしてでもそこを通過するようにしたい。東京駅に降りた外来者が最終的にどの路線に向かうとしても、東京駅にはすべての路線へ通じた環状の地下鉄幹線の出発点としての役割が必要と考えられるからである。

建設する超広幅の地下鉄幹線は、図69に示すように乗換駅のみに停車し、単独の駅は設けないものとする。図中左側の笹塚駅、新井薬師前駅、椎名町駅などは、この図では民鉄大手各社線をすべて省略してあるために単独駅のように描かれているが、ここには民鉄線が通っており、乗換が可能な駅である。このようにして、新たに建設する環状の地下鉄幹線は、無秩序に発達してきた大東京の地下鉄網を束ねる役目を果たし得るものと考える。

しかし問題もある。その第一は、すでに多くの地下鉄線が張り巡らされた後からの工事となるから、すべての既設路線よりさらにより深くを潜り抜けなければならないことである。おそらく路線の全周にわたり50m以深となるから、まさに大深度活用の先駆である。そして、このような地下鉄建設には、膨大な費用や相当の工事年月を必要とすることなど、克服しなければならない問題があろう。巨大な車両の乗車率は、開通当初は定員に満たないことが予想され、"建設費を償えない乗車効率"などといった批判や非難を多方面から浴びるかも知れない。けれども、巨大都市東京の主要幹線交通機関には、空いていて乗車が大変に楽であるという"余裕"がまず必要であって、環状となる首都高速地下鉄道は国家百年の大計として設計されなければならない。

6節 関西圏2空港連絡の必要性と問題点

　かつては外国との往来は外国航路の大型客船により行われていた。この場合は距離にもよるが十数日から何十日もの時間を要した。しかし航空機の発達により客船による渡航は斜陽となり，現在は時間単位で運行する航空機による渡航が主流となっている。このような時代には，空港へ連絡するアクセス鉄道にも速さと発着の頻繁性および直通性が求められている。

　大阪市を中核とする関西圏では，外国航空路の需要増大から1994年 (平成6) に大阪湾の泉州沖の海上に関西国際空港 (関西空港) が開設され，それ以前から大阪府と兵庫県の境界域にあった大阪国際空港 (伊丹空港) とともに，西日本航空路の玄関口としての役割を果たすようになった。すなわち，新しい関西空港は主に遠距離外国航空路用に，大阪国際空港は主に国内航空路用として，役割分担が定着しつつある。

　関西空港に対してのアクセスは，JR阪和線と南海電鉄本線が受け持っている。南海は専用に開発した特急列車"ラピート"を投入しているが，大阪側の終着駅は難波止まりであり，もっぱら地元対応の姿となっている。一方JRは，山陽道西日本方面と京都北陸方面からやってきた新幹線乗客を新大阪駅で在来線に受け入れ，この乗客を関空特急"はるか"や関空快速などにより，大阪環状線を経由して阪和線につなげて関西空港へと運んでいる。関西圏の出入国旅行客の需要は，両鉄道線で一応は満たされているかに見える。

　しかし，上述のように機能分担された関西空港と大阪空港との相互乗換連絡に着目して検討すると，その機能は十分に活かしきれていない。両空港間の乗換や乗継が大変不便なためである。考えてみ

れば，両空港を相互に直通的に高速で連絡する鉄道の急行線が欠如していることは，いわば"盲点"となっている．

特に大阪空港は，大阪市内に近いにもかかわらず，都心からのアクセスは大変お粗末である．ターミナルビルに接続しているモノレールは，阪急宝塚線の蛍池駅に連絡しているものの，その後は北上して中国自動車道の高架構造物に付属したように沿って，大阪都市圏の北側を遠回りに迂回しながら京阪本線の門真駅に達しているだけであり，大阪空港へのアクセス線としてはまことに中途半端である．このため通常は，主なターミナル発の空港行きのバスやタクシーを利用 (地元住民ならばマイカーも使える) しなくてはならず，大阪市から大阪空港へ直行できる便利な鉄道のアクセスはない．国際航空路と国内航空路間を乗継ぐ乗客は，大阪圏の地図と案内資料を頼りに複雑な都市交通網を通り抜けなければならず，負担を強いられる．

ところで最近の新聞[24]には，国土交通省の"伊丹空港の縮小案"が報じられている．大阪空港 (伊丹空港) は市街地に囲まれ，拡張は困難であり，騒音対策費として年間86億円 (2002年度) もの多額の騒音対策費がかかっている．このことから，国土交通省は，エンジン4基 (4発) で騒音の大きなボーイング747型ジャンボ機 (図70) の乗り入れを制限して，騒音が低いエンジン2基 (双発) のボーイング777型機への転換を提案した．777型機[25]は出力の大きい大型のエンジンを搭載しているが，その騒音は4発の747よりも20%も低いという新開発機である．2002年 (平成14) 10月の時点で，大手航空会社が運行しているドル箱路線の羽田～伊丹線21往復のうち，騒音の大きい747型は12往復も就航しており，これらをすべて低騒音の777型機へ転換しようというのである．

ボーイング 747-400 （ジャンボ）　　　　ボーイング　777-200

機体諸元・性能	ボーイング 747-400	ボーイング 777-200
離陸エンジン能力 (kg× 基数)	25 900 × 4	34 900 × 2
標準座席数	568(国内線)　　355(国際線)	389
航続距離 (km)	4 170 (国内線)　12 300 (国際線)	4 740
離陸滑走路長 (m)	1,790 (国内線)　3 250 (国際線)	1 640
着陸滑走路長 (m)	1,940 (国内線)　2 070 (国際線)	1 780

図 70 ボーイング社の主要機種の比較 (航空実用事典より抜粋)

777 型機へ変更すると，図中に掲げた性能表で見る限り，国内線機として座席数は若干減るものの，離着陸滑走路長においてはむしろ短くてすみ，大勢において遜色はない。このことから，交通政策審議会の空港整備部会に提案された国土交通省のこの方針は大変賢明な対策案である。また，このような対策が可能になったのは，航空機製造開発技術の発達の賜物でもある。今後都市圏に接する空港への発着には，航空運輸会社における機種更新などの企業努力も必要であると考える。航空機技術の発達をすばやく取り入れ企業運営を行うことで，常に被害を最小限度にしようと努める前向きの姿勢を期待したい。

ちなみに 2002 年 2 月 14 日の新聞報道[26]によると，ボーイング社は，777 型機をさらに改良した新エンジン搭載の新機種を 2004 年に実用化すると発表している。この新機種は航続距離が実に 16 300 km に達し，今まで国際線用とされてきたジャンボ機

747–400型の12000〜13500mをはるかに凌いで，ニューヨークからバンコックやシンガポールまで無着陸で到達できるようになる．そうなると，アジアに対する日本の中継地的役割が低下する懸念も生じると報じられており，世界の航空技術革新から一時も目が離せない状況が到来しつつある．

　大阪空港の縮小案は，まさにこのような状況下で語られている．騒音対策を行う一方で，今後は縮小して第一種空港から第二種へと格下げして，将来的には関西空港へ全面的に誘導する方針がほのめかされているのである．

　縮小化案の背景には，関西空港側の搭乗客の減少傾向をカバーするという意図も感じられないわけではない．しかし本来，空港の滑走路は着陸用と離陸用の2本が備わっているのが基本的な姿であり，世界の主要国際空港はみなこれを満たしている．これに対して現在の関西空港では1本だけの滑走路で運用されており，これは鉄道でいえば単線運行に相当する非効率的な状態である．そのような未完成な状況にある関空の搭乗客の減少を見ただけで，その必要性の低下を云々することは早計であろう．

　わが国の空港の着陸料は，図71のように世界の空港の中でトップクラスの高額に設定されているため，多くの航空会社に敬遠されやすい．そして，行先きの種別が減少して運行ダイヤが単調になると，利便性や選択肢の幅が失われて魅力が乏しくなり，そのことがまた乗客の減少につながるという悪循環を助長するばかりである．このことは特に地盤沈下傾向にある関西圏にとって大きなダメージとなる．

　客離れのいま一つの大きな原因は，前述の関空国際線と大阪国内線との乗換と乗継ぎが大変に不便なことである．もちろん，外国の広大な敷地面積をもつ大規模空港のように，国際線も国内線もその空港で共存できるのが最善の姿であろう．しかし，国土の狭いわが

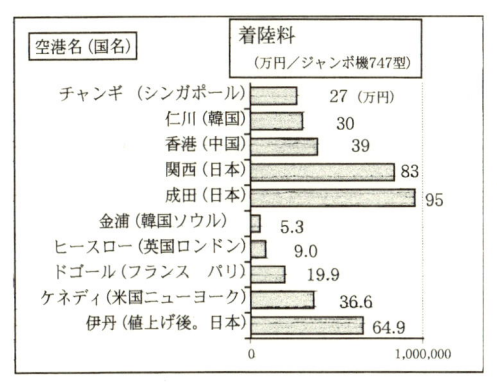

空港名（国名）	着陸料 (万円／ジャンボ機747型)
チャンギ（シンガポール）	27（万円）
仁川（韓国）	30
香港（中国）	39
関西（日本）	83
成田（日本）	95
金浦（韓国ソウル）	5.3
ヒースロー（英国ロンドン）	9.0
ドゴール（フランス　パリ）	19.9
ケネディ（米国ニューヨーク）	36.6
伊丹（値上げ後。日本）	64.9

図71　主要空港の着陸料（朝日新聞記事より）。上からの5空港は2001年7月28日に，下5空港は2003年1月27日に掲載されたもの

国ではそのようにうまくはいかないのが現実である。そして両空港にはそれぞれに歴史的背景があって，現在の場所に隔てられて存在しているのはやむを得ない。

　そこで，これを特急列車などで高速に連絡することが必要になるのである。それは，今のうちに素早く手を打つことにより実現が十分に可能であると思われるが，時期を逸すると周囲の環境条件などが悪化してしまい，実現は夢のまた夢となる。ところが世の中の風向きは逆で，先の新聞報道のように大阪（伊丹）の縮小論や，関空への誘導吸収論，果ては廃港論まで登場する始末である。たとえ関空に第2滑走路が完成したとしても，大阪空港の機能をそっくり関西空港に移転してさらに混雑を助長させるような考えはまことにナンセンスである。大阪空港は小さいとはいえ敷地面積が317haもある一人前の空港である。また，ひとたびこの土地を手放せば再び入手することは不可能である。空港としてまとまった敷地と機能とが，都市に近いところに保持されてきた，という昔からの"財産"を軽々しく放棄してはならない。

第6節　関西圏2空港連絡の必要性と問題点

これからますます航空需要が増大しようとするとき，関空に生ずる余裕はあくまで外国航空路の新しい誘致のために空けておくべきである。そしてまた一方では日本列島のほぼ中央に立地する大阪空港は，国内線の集中結節点 (国内ハブ空港) としての役割を果たしていくべきである。そのためにも関西空港と大阪空港は，直通特急鉄道によって強固に結ばれて一体化した空港システムとして，後世への貴重な遺産として残すべき道をいま確立しておかなければならない。着陸料が高価格で乗継ぎなどの便利さに劣るために，太平洋航空路などメインのドル箱航路が，アジアの近隣諸国の空港に御株を奪われてしまうようなことがあってはならない。

　"薄利多売"は大阪商法の真骨頂であり，店の面積 (ここでは空港面積) は広いほど多様な商品 (航空路) を提供できて客を呼び込み，賑わいと繁盛につながる。関空の第 2 滑走路を大至急で完成させて，大阪 (伊丹) 空港とは高速鉄道で緊密に連係を保ちながら，いま建設中の神戸空港も合わせて滑走路が 4 本ともなる一つの空港システムとして機能させなければならない。新聞報道などで見受けられる空港相互のライバル意識などはまことに稔りなき抗争であり，その間に近隣諸国の空港に"漁夫の利"をさらわれてしまうのが落ちである。

　着陸料は，空港という設備商品の使用料であり，商品である以上はその価格決定には他の同種商品との間で競合することは当然である。近隣諸国やヨーロッパ主要国空港の着陸料と比較検討して，利用しやすいレベルに設定することから始めなくてはならない。海上を埋め立てて造成した高額建設費を"利用者負担"と称して着陸料や航空運賃に上乗せするようでは，客の離反は当然であり，後背地である日本の産業や経済に少なからずダメージをもたらす。

　成田空港を運営する当事者の発言[27]として"成田や関空は日本という巨大市場が後背地にあるため，外国都市間の乗継ぎではな

く，将来は日本発着の路線が大半を占める"と見込む向きもあるが，それは経済を軽んじる"大名商法的発言"である。敷居を高くして入りにくくする日本の高額着陸料は，航空運賃に転化されることでまず一般乗客が犠牲となり，次いで航空路線の減少を招くこととなる。そして，この高圧的なやり方に対抗して必ずや他国ではそれを克服するような技術革新や運用改革が出現してくるものである。そうなれば，後背地の日本経済や産業に回復しがたい有形無形の損害をもたらすこととなるだろう。多少の価格差の生ずるのは当然であるが，外国との比較で突出した高価格は，結局は自分で自分の首を絞める結果となる。為政者はこのことにしっかり目を向けて，抜かりなく対処していただきたい。

　国の玄関口である国際空港は"その国の顔"であるから，建設コストを国がカバーするなどの工夫をして，もっと離着陸しやすい価格にするよう改めるべきである。そして同時に，国の玄関口から国内各地の空港都市にすばやく容易に移動できる，空陸に対する交通体系も速やかに整備する必要がある。

7節 シールドトンネル1本でできる複々線の地下鉄

　地下鉄道の場合，現在のところ複々線の事例は極めて少ない。一方，一般の鉄道路線では，都心部に近づいたところで急行専用の複線を増線し複々線にすることによって，緩急別々に平行ダイヤが組め，混雑を緩和しながら輸送力が著しく向上する。——このことについては第3章で詳しく述べた。そして，この複々線化の方法は地下鉄道にも応用できるのである。

　ただ，主に都市の中枢部に設けられる地下鉄の場合には，各駅々がそれぞれ目的地でもあることから，通常は各駅停車で運行されており，複々線にして急行専用線を設置する必要はないと考える向きもあるだろう。しかし，都市が発展して巨大化すると，各所に人口や交通の集中する"副都心"が出現し，これら副都心間を相互に直接的に早く移動したいという大量の要望も生じるので，急行専用線はあながち無視のできない現実的な要請でもある。

　本節では，関西国際空港と大阪国際空港との間で，航空乗客の乗換と乗継ぎのための利便性を確保する方法の提案を行いたい。この案は，両空港間を急行線で直結させ，合わせて大阪市内地域の交通にも貢献するものであって，南海とJRの狭軌線列車が"なにわ筋"の地下で相互乗り入れを果たす複々線式の地下鉄道の新線案として具体化されるのである。

　"なにわ筋活用案"は過去にマスコミで報道されたり，著名な鉄道誌にも掲載されており，また筆者自身も，本書第3章において，新幹線を導入した高々架の複々線の提案を行っている。しかし，これはいずれも関空と新大阪間の連絡であり，それらの多数の列車が通過することとなる都心部の"なにわ筋"における混雑緩和につい

ては，それを解決するための有効な手段はなにも示されなかった。すなわち，普通の地下鉄の複線などを用いたのでは"なにわ筋"の地下がボトルネック（隘路）となるのは明らかであり，これに対する有効な手段が示されない限り，軽々になにかを作ってしまうと，悔いを千歳に残すことになると考えていたのである。

ところが，シールドトンネルの地下鉄を作るに際して，1本のトンネル掘削で一気に複々線としてしまう方法があることに気が付いた。このアイデアは現在の土木建設技術レベルで実現可能と思われ，わが国の主要な建設会社にとっても，世界に先駆け実用化に取り組み，工法開発を行う価値は高いと考える。

さて，図72に示したのがそのアイデアである。大阪都心部を地下線で通過させるに際して，新幹線の複線トンネルより少しだけ拡張した巨大なシールドトンネルを掘削し，そこに在来線車両を使用

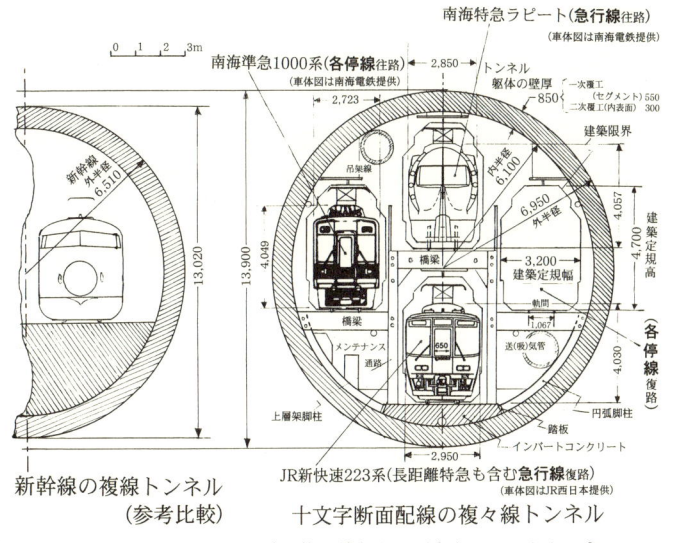

図72 十文字断面配線の複々線となる巨大なシールドトンネル

第7節　シールドトンネル1本でできる複々線の地下鉄　　195

して輸送効率の高い複々線を運行するわけである。円形のシールドトンネル内の中央上下に急行用の往復線を，その左右の中段に各停用の往復線を配置し，全体として十文字状に配線すれば，一本のトンネルで複々線の地下鉄を実現できる。なお，図で車体正面図の周りに影を付けて表した領域は，在来線の建築限界を示す。

このトンネルは次のように構成される。まず中央部分については，上層線を支えるための脚柱と横梁の荷重および通過する列車荷重を，下層線の道床を載せるインバートコンクリートでしっかりと受けて支え，トンネル内に上下2層の一種の高架橋を実現する。

両側の各停線については，トンネル内で横幅が最も広くなっている中段の位置で，横梁の一端を高架橋の脚柱の中途に連結して支え，他端は本章第4節の図67のトンネルと同様に，円弧状の脚柱方式でトンネル内壁に沿わせながらインバートコンクリートに両側から挟むように取り付けて支える。

図では，橋桁，まくら木やレールを横梁の中に含めて省略してトンネル内に納まるようにぎりぎりに描いてあるため，実際の設計では，トンネルサイズにもう少し余裕が必要となるかもしれない。そのときにはシールドマシンの直径を製造工場で調整して製作すればよいと思う。地中には周囲の条件によるサイズの制約はないので，自在に空間を創出することができる。

この単一の巨大トンネルによる十文字断面配線型の複々線では，中央の上下を往復のノンストップ急行専用線とし，左右両側の中段は各停の往復線とする。そして各駅停車が停車する中間駅は図73のように構成する。すなわち，ここでは十文字断面配線の姿を保ったまま，駅ホームカプセル内に設けたプラットホームとトンネル躯体の両外側とが接続されており，客の乗降が行なわれる。

また図74は緩急乗換駅の構成を示したものである。このようにすれば緩行・急行相互間の乗換が同一ホームでできて便利である。

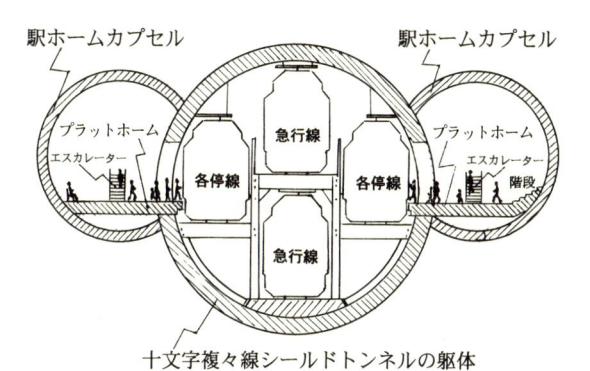

図 73 十文字複々線における地下の中間駅の構成

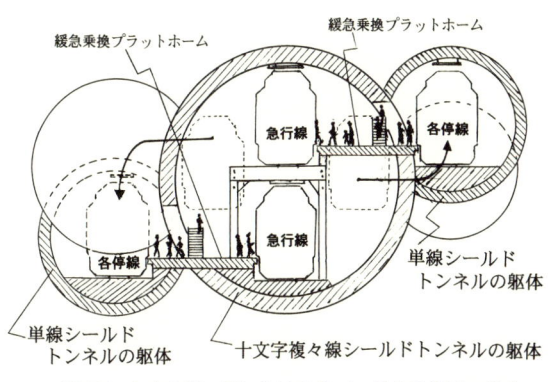

図 74 十文字複々線における地下の緩急乗換駅の構成

中央の急行線は上下2層のままであるが，各停線はこの駅に差しかかる少し手前で，それぞれ進行方向に対して左右にトンネル躯体の外へと単線トンネルで脱出し，駅に近づくにつれて上昇あるいは下降して，急行が停車するそれぞれの乗換ホームの対向位置に停車して，緩急の乗換を行うわけである。

8節 なにわ筋地下を活用する空港アクセス特急

　大阪市の南北幹線街路である"なにわ筋"は，その地下が地下鉄などにまだ利用されておらず，前節で提案した地下鉄を活用するのに格好の対象ルートである。ここに1本ではあるが大口径のシールドトンネルを掘削し，急行線を含む複々線となる地下新線を建設して，南海電鉄とJR西日本との狭軌鉄道が相互乗り入れする地下鉄幹線とする。これにより，関西空港と大阪空港とを直結する高速鉄道連絡が可能となり，かつJR西日本の山陽，山陰方面からの新快速や長距離特急も，阪和線を経由して関西空港に直行できるようになる。またさらに，各停線も設けることから，大阪市民の足としてのきめ細かい需要にも応ずることができる。

　図75は，関西空港と大阪空港間の鉄道連絡の全体構成を，地下新線を含めて示したものである。この図で地下新設線となる部分は2ヶ所ある。その一つは，南海汐見橋線の木津川駅あたりから地下へ潜ってなにわ筋を北上して，最終的に北梅田に達する路線である。この路線に十文字断面配線を適用するのであるが，途中JRなんばの地下駅から単線トンネルを2本掘り，それぞれを十文字複々線の急行線につなぎ，さらに北方の玉江橋の北で，急行線だけをそれぞれ単線トンネル2本に分岐させて福島あたりで地上に出し，JRの神戸線(東海道本線)との間で合流や分岐をさせて接続を行う。そして，もう一つの地下新設線は，JR宝塚線(福知山線)の伊丹駅を過ぎたあたりから地下新線となる複線を分岐させ，大阪空港の滑走路の下を進んで大阪国際空港のターミナルビルの地下駅に到達させる。

　この地下新線の完成によって，南海とJR西日本の狭軌在来線に

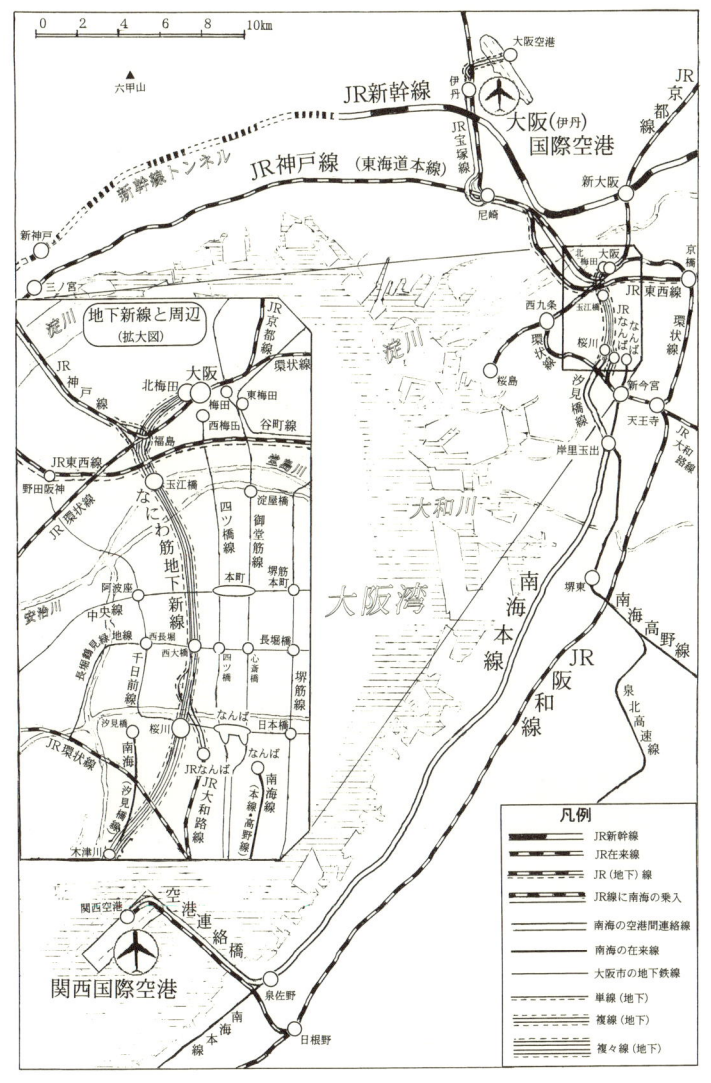

図 75 2空港を相互連絡させる関西圏鉄道の新アクセスルート

第 8 節 なにわ筋地下を活用する空港アクセス特急

表 10 なにわ筋と大阪空港の地下新線の建設による成果

鉄道列車名	複々線の使い方	可能となる区間	主 な 経 路	途中駅の停車駅
南海特急 (ラピート)	急行線	関西空港 ― 大阪空港	南海本線 ― 南海汐見橋線 ― なにわ筋地下新線 ― JR 神戸線 ― JR 宝塚線 ― 大阪空港地下新線	泉佐野, 桜川 (仮称), 玉江橋, 尼崎
		(北梅田に)	(連結操作か短区間運用で)	(玉江橋〜北梅田)
南海準急 (1000 系)	各停線	堺東 ― 北梅田	南海高野線 ― 南海汐見橋線 ― なにわ地下新線	岸里玉出〜北梅田間は各駅停車 (他は無停車)
JR 新快速 (223 系)	急行線	神戸・山陽道方面 ― 関西空港	JR 山陽・神戸線 ― なにわ筋地下鉄新線 ― JR 大和路線 ― JR 阪和線	…尼崎, 玉江橋, JR なんば, 天王寺, 堺市, 日野根
JR スーパーやくも	急行線	米子 ― 関西空港	JR 伯備線 ― JR 山陽本線 ― JR 神戸線 ― なにわ筋地下鉄新線 ― JR 大和路線 ― JR 阪和線	…尼崎, 玉江橋, JR なんば, 天王寺
JR 特急 (名称未定)	急行線	鳥取 ― 関西空港	JR 因美線 ― 智頭急行線 ― JR 山陽本線 ― JR 神戸線 ― なにわ筋地下鉄新線 ― JR 大和路線 ― JR 阪和線	…尼崎, 玉江橋, JR なんば, 天王寺
JR 快速	急行線	宝塚 ― 柏原	JR 宝塚線 ― JR 神戸線 ― なにわ筋地下鉄新線 ― JR 大和路線	川西池田, 伊丹, 尼崎, 玉江橋, JR なんば, 天王寺, 八尾
JR 各駅停車	―	新大阪 ― 大阪空港	JR 京都・神戸線 ― JR 宝塚線 ― 大阪空港地下新線	大阪, 塚本, 尼崎, 塚口, 伊丹

より両空港が連結され，両方の地下鉄建設によって表 10 に示すような成果がもたらされる．以下にそれらの要約を述べる (図 72 の一本のトンネルで実現できる複々線を同時に参照)．

1) 南海電鉄が保有する独特なデザインの空港アクセス特急 "ラピート" により，関西空港と大阪空港間をほぼ独占的に直接連絡することができる．

写真 32 南海の誇る空港特急ラピート (南海電鉄提供)

2) 南海高野線の準急を堺東～北梅田間の各停線に投入して，岸里玉出から北梅田間は各駅停車とすれば，大阪市内の地下鉄として機能する．
3) 福島あたりで JR 神戸線には急行線のみが西向きに接続するから，JR 西日本の山陽道や山陰道の新快速や長距離特急列車を，大和路線と阪和線を介して関西空港へと直行させるルートが創出される．このルートは，大阪市内を南北に貫通するので，空港への旅客のほか，大阪市への旅客にも大きな利便をもたらす．
4) JR 宝塚線と大和路線の間を，急行線を介して接続できるので，

この間に快速列車の投入が可能となる。
5) JR宝塚線から大阪空港へ地下新線ができることから，JR新大阪駅から大阪駅と尼崎駅を経由する大阪空港行きの各駅停車の運行が可能となる。このルートはいままで関西圏における航空交通の盲点であったが，国内線の拠点空港としての役割が今後大いに増大することだろう。
6) 十文字断面配線の複々線の主要駅となる玉出橋では，東から地下線で乗り入れてくる京阪電鉄と乗換え状に接続する。また桜川には，西から阪神電鉄が地下線で乗り入れてきて，すでに東から地下で難波まできている近鉄線と接合して相互乗り入れができるようにすることが決まっている (新聞報道によるとすでに着工されたようである) が，これら民鉄線とも乗換え状に接続することとなって大変便利になる。

以上に述べた新線の実現によって，南海電鉄は大阪の北側へと回り込む新路線を獲得し，狭軌鉄道のJR西日本在来線と相互乗り入れなどで協力し合いながら，国内外の航空旅行客輸送の要(かなめ)となるだろう。このような地下新線の建設計画には，なんといっても南海電鉄側の主導 (主唱) が必要である。JR側はすでに新大阪駅からの乗客を大阪環状線や阪和線を通じて関西空港へ直通列車を走らせて運んでいるから，南海側が積極性を示さなければ計画は実現しないことになる。

また，この地下新線はおそらく第三セクターが線路を保持し，鉄道側は単に線路を借りて使用することになるだろう。この場合，地元大阪市や兵庫県伊丹市などの全面的協力はもちろん必要であるが，これは国際空港同士の効果的な連結にも寄与するわけだから国家的事業である。したがって，関西圏の空港システム完成に向けては，国の強力なバックアップが欠かせない。

最後に，この路線の開発に関する各場所の個別的な事柄について，北から順番に説明しておく。

(1) 十文字断面配線の複々線トンネルの一応の終着点は現在の趨勢から見て北梅田としたこと。

大阪駅の北側には広大な梅田貨物駅があり，モータリゼーションの到来による高速道路などの発達で鉄道貨物の需要が激減して，この貨物駅の敷地とその機能を他の場所へ縮小移転することなどが検討されるようになっている。この土地は，大阪都心の超一等地であり，こんなに広いまとまった敷地であるにもかかわらず，その使途についての確たる案がまだ出そろっていないようであった。

ところが本稿脱稿直前の 2003 年 4 月 1 日付けの新聞報道 [28] によると，大阪市や都市基盤整備公団などで作る実行委員会が国際コンペとして開発構想を募ったところ，国内外から 966 点もの応募があって，それらの中から，敷地の中央部に"水"や"緑"を生かした優秀作品 3 点に絞り込み，実現に向けての検討を始めた，とある。

そこで，そういう開発がなされるという前提に立ち，とにかく南から延びてくる複々線による地下鉄新線には，大阪駅と梅田貨物駅との間の市道九条梅田線街路の真下あたりに北梅田駅を設ける。将来，この北梅田の地下駅から貨物線で淀川鉄橋 (改修を要する) を渡って JR 新大阪駅に至る新ルートは，JR 側が北梅田で十文字断面配線の急行線につなげれば，新大阪や京都方面からの在来線の関空特急"はるか"を，近道となるなにわ筋線の急行線経由で阪和線に導くことができる。

(2) 地下複々線の急行線だけを分岐させ JR 神戸線 (東海道本線) に接続させる箇所について。

緩急乗換の玉出橋駅 (仮称) の北あたりで，各停線を上および下にずらして大型トンネルから脱出させる。脱出によってできた空間には，急行線から同じ平面で新たな急行線を分岐 (接続) させる。

そして分岐した急行線はそれぞれ単線トンネルでJR神戸線の下から上昇して地上に出て，高架状の神戸線の両外側から合流 (または分岐) して乗り入れ (接続) させる。

この場合，JR神戸線と並行して建設されている阪神高速道路11号池田線の高架構造物との間に，接続のためにどの程度の有効空間が存在するかが，この工事の成否を決めると考えられたので，実際に現地を調べてみた。

結果は，あまり淀川の方へ進んでいない福島7丁目から鷺洲4丁目あたりまでは，写真33のように十分な空間があることを確認した。またJR神戸線は，東海道線として作られた草創期の姿のままの高架線であり，両側は石垣造りの土留めによる盛土構造である。このため，通常の高架のように基礎構造物などの障害物はあまり埋設されていないと考えられるので，地下から上昇してきた急行の接続線は，比較的容易に高架のJR神戸線に合流接続を果たせそうである。このことは恐らくJR東西線の建設に際して，接続候補地として調査されたものと思われるが，現在まで手付かずのままであったのは幸いである。

写真33 JR神戸線への地下線からの合流候補地点 (右がJR線，左が阪神高速道，大阪市北区大淀南3丁目付近)

一方，JR神戸線の尼崎方面からの線は，写真34のように北側 (写真では左側) は歩道を備えた十分に広い2車線街路であり，歩道と鉄道敷との間は植樹帯もあるので，JR神戸線から地下トンネルへと分岐して地下へ潜っていく工事にはさしたる障害はないものと考えられる。

写真34 JR神戸線から地下線への分岐候補地点
(大阪市北区大淀南3丁目付近)

　JR神戸線への接続については，最近できた地下経路を通るJR東西線への乗り入れも考えたが，すでにでき上がって運用されているシールドトンネルへの取り付けは至難であり，不可能に近い。そのため，上記のような高架状になった地上での接続が唯一の選択肢であり，かつ最善の方法であろう。

　(3) 地下新線におけるもう一つの要所は，JR大和路線の終着点であるJRなんば駅への急行線の分岐連絡である。そこは，JR西日本の各地からの関西空港への特急や新快速の直行運行を可能とする要衝となる。

　JRなんば駅は，昔は湊町駅といわれていたが今では地下駅となっており，その上に関西空港の開港に合わせて建設された地上6階建ての"大阪シティエアターミナルビル"が建てられている。こ

のビルは，2階に空港へのバスターミナルが設けられ，オフィススペースを含めて大阪南部への玄関口となっているが，現在のところまことに閑散とした状態である。

ここに"なにわ筋地下新線"の急行線を連絡させるのであるが，JRなんば駅を終端駅としてではなく鉄道幹線の主要通過駅となる。したがって，JRの新快速や特急が停車することになるが，これによりこの駅を中核とする周辺は一段と賑わいを増すこととなるだろう。また，この連絡によってJR線は，山陽，山陰を含む西日本各地と，阪和線を通じて関西空港へと，直通で新快速や遠距離特急列車によって固く結ばれ，この駅の地位は年ごとに向上していくことであろう。

(4) 十文字断面配線の複々線トンネル南側の出入り口は，前述したように南海汐見橋線の木津川駅あたりとなる。工事は，ここのレールを一時撤去して深さ15mほどの縦坑を掘り，その中に直径14mにもなる巨大なシールド掘進機を斜下向きに据えて地中へと大深度を掘進していき，最終的には北梅田へと達する。

木津川駅あたりは，地中からの出入り口になるとともに高架線へと移行接続されるところであるが，ここでは十文字複々線出口に続いて4線を束ねたまま45°ねじった姿として，南海岸里玉出駅までは高架の"田の字断面配線"の複々線としてつなげる。"田の字断面配線"とは高架複線の上にさらに複線を載せた2層状高架の複々線である。"田の字断面配線"は，最初から2層状の複々線として作れば立派な2層高架状の複々線が容易に実現できるだろう。このように複々線の姿で岸里玉出駅まで延長するのは，この駅で南海本線と高野線とが高架線として分かれているため，それよりもさらに高々架として，それぞれにうまく接続させたいからである。

岸里玉出駅は，川島令三氏[29]によると，元々は南海鉄道と高野鉄道という別々の会社線が上下に十字状に立体交差していたもの

が，南海に統一されてから後，南からくる南海本線および高野線がここで合一して北上し，難波(なんば)を起終点とする姿に改められたものである。昔は高野線の延長線であった汐見橋駅行きの路線敷は今でも複線として大方が残されており，汐見橋〜岸里玉出間は2両連結だけの列車で折り返し運行されているローカル線ながら，まだ南海電鉄線の一部である。そしてこの岸里玉出駅あたりの南海線は今はどちらも高架になっているので，この上をさらに越えて両線へと接続させるには高々架とする必要があるが，高架と高々架の"田の字断面配線"で進んできた複々線ならば，ちょうどうまい具合に本線と高野線とに接続を果すことができる。

すなわち関西空港から北進してきた特急ラピートは，高架のままこの駅を無停車しながら分岐側線に入ってから"田の字配線"の下側高架の急行線へと進行していき，また逆方向に"田の字配線"の上側を高々架でやってきた関西空港行きの南進特急ラピートは，そのまま本線上を高々架で越えてすぐにカーブしながら降下し，南行き本線の岸里玉出駅を過ぎたあたりで本線に合流させる。

一方，高野線から北上してきた堺東駅発の準急は，高野線側にある別棟のホーム手前で分岐してから，この駅ホーム真上に高々架で登ってきてから左へとカーブし，高野線と本線との間に生じている三角形の底辺となる部分に設ける高々架の駅ホームで停車させ，後はそのまま本線上をも越えて"田の字配線"の上側高々架の各停線へと接続させる。これに対して"田の字配線"の下側高架で南進してきた各停線の準急は，この交差地域の手前で地下線となし，本線の地下を潜り抜けたあたりで地下の駅ホームに停車させ，その後はさらに高野線の下をも潜り抜けてから向こう側で地上に出て，高野線の南行き車線に合流して堺東駅に向かわせる。このあたりは昔地上線であった高野線が現在の高架へと工事されたときに取り残された広い遊休地が残されていて，地下線から地上へ登ってきて，高野

線へと合流させる工事にはもってこいのスペースがある。

　堺東駅は，大阪市の衛星都市として最大の人口80万人を擁する堺市の都心駅であり，これと大阪市最大のターミナル都心の梅田とを準急行で直結する意義は大きい。特に大阪都心部区域では各駅停車的に接続することで，大阪の市民にとってのきめ細かな足としての役割を果たしつつ，特急や急行列車を高速で通過させられるので，効率は極めて高い。

　(5) 新聞報道[30]によると，京阪電鉄は現在大阪市営地下鉄の淀屋橋駅まで地下線できているが，大阪市都市計画審議会の答申により，2駅戻った天満橋駅から別線で地下に潜り，中之島北側を地下線で西進して大阪国際会議場のある玉江橋に達する地下新線の建設が決まっている。そしてまた同時に，阪神電鉄では西大阪線の西九条駅から東進して地下に入り，すでに東から地下線できている近鉄線に対して難波駅で接続させて，相互乗り入れによる東西間の直通運転を可能にするとする答申も決定し，この新しい2線の着工は2002年12月にはゴーサインが出たという。これはまことに時宜を得た幸便であり，両空港を直結連絡する"なにわ筋新線"の建設により，近畿圏民鉄4社およびJR線が手をつなぐこととなり，2空港連絡とともに関西圏の発展に大いに寄与することとなろう。

　このことと関連して，2空港連絡を果たす南海特急"ラピート"の停車駅は大阪市内においては玉江橋駅と桜川駅(仮称)としているが，両駅には緩急乗換駅の機能を備えるようにしたい。そして同時に京阪線，阪神線，近鉄線との乗換駅となることから，JR難波駅とともに両空港発の搭乗券を購入できるサービス機能を備えた駅にする。なお"桜川"の名称は，たまたまその付近を通る千日前線(大阪市営地下鉄)の駅名を借りただけである。新駅が阪神線(近鉄線)と交差するあたりは，その立地条件を考えると，将来はJRなんば駅および南海なんば駅と肩を並べ，大阪南部における一大繁華

街の連係ゾーンを形成することが期待される。

　また，これらの特急停車駅は，関西国際空港と国内拠点空港としての大阪空港(伊丹)との間を往来する内外の旅行者に対して，空路の乗換や，国内地方への帰還などの途中で下車して滞在したくなるような"魅力"を備えたい。そのためには，乗車券も，大阪に直接用件がない人であっても，食事をしたりホテルで一夜を過したりしての寛ぎの時間を過ごせる"途中下車"を認めるものとするのが望ましい。そして，その猶予期間は最低でも1～2日間，できれば3日間ぐらいの余裕が欲しい。大阪には，近い所では大阪城や大規模水族館の"海遊館"，あるいは第2章で述べた"家電量販店が並ぶ日本橋筋"や，ディズニーランドに匹敵するユニバーサルスタジオ・ジャパンなどがあり，少し足を伸ばせば神戸や京都，奈良も近くミニ観光の候補地にはこと欠かない。せっかく関西圏にこられた多くの旅客を，ただ通過させてしまうだけの都市の機能であってはまことにもったいない。

　(6) この南北鉄道新線には，近畿圏大手民鉄の阪急電鉄との間には具体的な接続駅はないが，実はJR線と交差している箇所が1ヶ所だけある。それはJR宝塚線の塚口駅のすぐ北の大阪空港への地下線となる手前のところである。ここでは阪急神戸線が立体的にオーバーパスしているが，阪急線の交差地点は園田駅と塚口駅間の中途半端な位置であるため，乗換できるような構成とはしていない。このあたりは昔は田園地帯であり，市街地となるような条件は備えていなかったが，今は交差点部分に接して三菱電機や森永製菓の大工場があり，住宅も増加しているから，乗換を兼ねた駅建設の条件はそろってきている。この箇所で阪急がJR宝塚線との間で乗換駅を作れば，阪急の乗客を2空港へと連絡させられるのはもちろんのこと，JRの新大阪駅へも間接的ながら，容易に移動させられる途が開ける。

(7)「航空実用事典」[25]の「はじめに」の冒頭に「日本はアメリカに次ぐ航空大国」であると述べられている。これはわが国の航空輸送実績を指したものであり，1996年度の国内線旅客数は8213万人，2地点間旅客輸送で羽田〜札幌間が785万人で1位，羽田〜福岡間641万人で3位と，世界の上位を日本が占めているという。日本列島は，幅はわずか340 km ながら南北は実に3300 km もあり，山勝ちの地形に4島を中心にした島国列島のため，航空機の効用が極めて高いことを意味する。

日本には航空機製造のメーカーは今のところ存在していないが，かつては世界の名機といわれた"零戦"(三菱 A6M 零式戦闘機)[31]は終戦までに10449機も生産され，双発中型の三菱 G3M 式陸上攻撃機や，四発大型の"2式大艇"と呼ばれた飛行艇(川西 H8K)などたくさんの軍用航空機を生産し，戦後もプロペラ機の"YS-11"を一時期作った実績がある。しかし大型ジェット機時代に入ってからは日本の航空機産業は育たず，ボーイング社の機体製造などへの協力にとどまっている。世界の大型旅客機の製造は，アメリカのボーイング社やマクドネルダグラス社，ヨーロッパのエアバスインダストリー社やビッカース・バイカウント社，カラベル社などと，これらに TU 機のロシアが加わり競い合っているのが現状のようだ。

しかし日本は世界のトップクラスの工業国であるから，航空機産業が成立するだけの潜在力は有している。特に，騒音が際立って少なく短距離での離着陸ができる中型の STOL 機 (short take off and landing plane) や，垂直離着陸機は日本の国土に適しているので，これらを開発する国立の研究機関を設立し，企業連合や航空工学系の大学なども共同したプロジェクトを立ち上げることが望ましい。そしてさらに航空博物館を開設したり，総合大学に"航空学部"といった学部を作るなど，若い世代の人材を育成するべきである。博物館の場所は関空に近い"りんくうタウン駅"あたりが適当

かも知れないが，全国的に探せばさらに適当な場所が見つかることだろう。

(8) 近畿関西圏の鉄道交通体系の現状は，歴史的経過などがあって致し方ないといえるが，旅客航空機の出現以前にすでにほぼ現在の姿ができ上がってしまっており，"出たとこ勝負"のばらばらの観を呈している。そこで，心機一転，都市間交通と航空交通を軸とした機能的な新しい交通体系を明確な形で示す必要がある。そしてこの新構想は，地盤沈下の進む関西の志気を高め，21世紀における発展の足掛かりを築くものと信じている。

おわりに

　本書は，技報堂出版株式会社の特別の計らいによって出版物として世に出ることとなり，大変に感謝している。序文にも触れたとおり，本書のアイデアは交通問題の停滞性を改革しようとする新規な提言であるため，これを世に出すまでにはいろいろと困難なことに出会ってきた。委細は省略するが，現在，世界中で交通の中核として機能している"文明の利器"の自動車や鉄道に対して，その利用の仕方に問題があると唱えるのには，かなりの勇気と確信および時間を必要とした。

　第1章に記した道路交通の問題を考える契機は，昭和35年（1960）頃の，戦後復興が次第に軌道に乗り，増産ムードの中で街に自動車が溢れて路面電車が窮地に追いやられつつあった時期，自動車による人身交通事故が激増してその痛ましい状況が新聞に載らない日はなかったことである。「なぜこんなことが起こるのか」「解決する途はないのか」と思い，毎日満員の通勤電車でつり革にぶら下がっているときに考えに考えた。そして事故の原因は平面道路の交差点にあることに気づいた。当時は，議員の先生方も選挙基盤として真新しい信号機を地元に設置することに熱心であって，幹線の平面交差点は票稼ぎの重要な拠点でもあったようすである。

　車交通で，事故や渋滞を起こす根源は平面交差方法の不合理性にあり，これを解決するには交差点の立体化を果たすことしかない。——しかし，これを具体化することは難しかった。道路工学の専門書をひもといてもそのどれにも，クローバー形やダイヤモンド形インターチェンジが述べてあるばかりであった。これらは既成都市の幹線街路に後から追加することは不可能であり，わずかにダイヤモンド形の方式が少々不完全な立体交差ながら，その構造を圧縮すれば何とか実用できる程度と考えられ，各地で実現していた。

しかし思考を煮詰めていくと，直進しようとする車の中で右折車を現在の信号式のように交差点の中央部に集めるのではなく，むしろ外側の車線に集め，混雑する交差点から少し離れた位置まで遠ざけながら反転跨道橋へと誘導して，反転機能で一気に対向車線に送り込めば解決することに気づいた。すなわち，街路上で左折することは何の障害もなく実行できるのだから，直進跨道橋に反転跨道橋を追加して補佐してやれば，右折も容易にさばき得て，どこででも完全な立体交差点が実現できる，という結論に達したのである。

このことは未だ誰も気づかず，世界のどこにもその実例が存在しないだろうと推察されたので，とにかく考えられる効用をすべて盛り込んで特許出願（1963.9.14）をした。その後「もし世界初であれば国際特許」という考えも浮かんで発明協会に足を運んで勉強していたところ，ここで優秀発明には外国特許の出願に際して国から補助金を受けることができる制度があることを知り，一か八か国内出願後13ヶ月以内の優先権主張可能期間中に申請してみることとした。道路関係の専門家でもなく世界中の交通動静を把握できる立場にはなかった私の出願が，補助金の交付が受けられる優秀発明などには到底届かないものと思っていたが，なんとこれが昭和38年度の優秀発明となり，その年12月8日に補助金交付の決定通知がきた。

それからが大変であった。探しだした国際出願を扱う弁理士の手によって，私の手書きの国内出願書類全部が書き改められ，アメリカ合衆国だけに絞って全文翻訳がなされるとともに，米国弁理士を通じてアメリカ特許庁とのやり取りが始まった。そして膨大な英語文章の往復があった末に，アメリカ特許庁から却下の通知がきてしまった。ところがその拒絶通知文章を妻と二人で検討したところ，「意味が不明瞭のため…」と記されていることに気づいた。妻は結婚するまでは大阪の外国商社で英文速記タイピストをしており，そ

の翻訳解読にかなり貢献してくれていた。それで，アメリカ特許庁からの通告文が技術内容についての拒絶ではないことがわかったので弁理士と再度検討を重ね，先願公知例と指摘されたたくさんの既出願公報のすべてに反論を唱え，翻訳文書も慎重に補正訂正したところ，遂にアメリカでの特許[32]が認められた。

その後，国内特許[33]も成立したが，それに先立って最初の出願にあまりにも多くの効果条件を盛り込み過ぎていたので分割して，変形十字路の場合[34]，Ｔ字状の場合[35]，多枝交差の場合[36]などの複数特許出願にしたけれども，このように一気に件数が増大したため各出願を完結させるための収入が伴わず，公開の段階で放棄の止むなきに至った。

しかし優秀発明として国庫の補助金を受けたアメリカ特許出願が成功し，同内容の国内特許も公告決定となって特許となる可能性が著しく高まったので，この立体交差の技術を国内でも公表しなければならないという責務感を抱いて，昭和48年 (1973) にはあらかじめ会員となっていた都市の計画に関係する学会に口頭発表[37]するべく，発表要旨のレイアウトを添えて申し込んだ。ところが，この学会の事務局からの返事は「この件については審査委員会で激しく論議されたが，結果的には発表が拒絶された」という通知であった。拒絶理由は「このようなことを発表するのならば，交差点の実物かそれに近い規模での模型などにより，実際の交通調査を実施してそれに基づくデータの開示が必要」ということであって，事務局の人は電話でも大変残念そうな口振りであった。学術研究の学会が出席会員全体の意向を確かめることなく，大会での発表を事前に排除してしまってよいのだろうかという疑問がこみあげてきた。

私が提言していることは，都市計画に際して，その街中に遊廓やラブホテルを集中させて色町をつくるといった公序良俗に反するよ

うな計画ではない。事故を防ぎ渋滞を軽減しようとする，これからの都市計画の根幹に触れる真面目で建設的な問題提起である。それなのに，何人の目にも触れさせずに芽のうちに摘み取ってしまおうとするのであるから，まことに不可解な扱いであるといわざるを得ないだろう。発表者である私は，都市計画や道路工学を職業としているのでもないし，交通警察の関係者でもなく，一介のサラリーマンにすぎない。そういう非力な一市民が「実際の交差点かそれに近い模型などを建設して，人や車を走らせて交通調査を実施した上でそのデータを開示せよ」という条件を満たすことは事実上不可能である。体よく発表拒絶する裏には，広く国民の目に触れることを嫌う何かの事情があるのではないかなどと，疑心暗鬼にもなる。私の提出した原稿は，一見して，その内容が公になったときの影響の強さが察知されたので，もっともな理由を付けて草々に退散させてしまおうとする「事なかれ主義」が働いた可能性が強く感じられる。

そして，いま一つ投稿が拒絶されたことがあった。それは，私が26年間も会員であった交通に関する研究会でのことである。昭和51年（1976）に私は東京で開催された研究発表会において，「反転機構を導入した街路の新しい構成」と題して，本書で示した立体交差の原型となる内容を，口頭で発表[38]した。ところが，その後にさらに研究を重ね，都市交通路として完成度を高めた姿に仕上げて，平成11年に機関誌論文として投稿したのだが，前述の学会の場合とよく似た理由を付けて掲載を拒絶する旨の通知[39]が届いたのである。

これに対して私が所属していた別の学会である「日本都市学会」では，口頭による発表をさせていただき，また学会機関誌の「日本都市学会年報」にも投稿して，「幹線街路交差部の立体化による都市近代化への促進」[40]と題した一文を昭和62年の「都市の再生」特

集号に掲載していただいた。この技術公開報告によって,特許庁から優秀発明と認めていただき外国特許出願のために国庫補助まで受けたことに対する社会的責任は,ある程度は果たすことができた。

反転跨道橋で補佐された完全な立体交差ならば,今の平面交差点の信号制御を全廃しながら交通量を倍増させ,交通事故と渋滞を激減させるであろうことは,図解していねいに説明すれば中学生でもその効用を理解する。そしてコンピューターシミュレーションを活用すれば,かなり容易にかつリアルに通行状態は把握できるはずであり,あえて実物大の試作品を作って車を走らせ,何人もの調査員を動員して交通調査などをしなくても,判定に必要なデータは容易に得られると考える。

今の世の中では,電子工学や化学およびバイオなどの分野を除けば,一挙に物事の倍増が達成できるような場面はそうざらには存在しないのが現実である。しかし,中世からの姿をそっくり温存させている現状に対しては,この方式の実現は,躍進を通り越しての改革に近い成果が生ずると思われる。ところが,一般には,平地道路での車の走行に信号制御は当然であると考えられている。すなわち,事故や混雑を回避するためには信号制御は絶対不可欠な設備だと思い込んでいる人々の常識からは,さらなる発想は浮かんでこないものである。こう言う人々にも広く"よく考えれば巧妙な方法もあるよ！"と知ってもらうためには,学会発表以外にもっとポピュラーな場面での発表と,それに対する幾人かの意向を聞いてみたいと思っていたが,その好機が得られた。

それは昭和60年(1985)に,(財)自動車検査登録協力会が一般市民や車ユーザーに対して行った,交通に関しての論文と写真での懸賞募集であり,そのテーマは時代背景ともいえる「交通の流れをどう確保するか」であった。私の提案は学会で排斥されたけれども,この命題は今やっている研究にぴったりであることから,「反

転跨道橋を導入した人車の完全立体交差化」と題する論文で応募してみた。

約300人もの応募者の中から，12人の審査委員によって，最優秀入選者が1人，入選者が5人選出され，選外佳作は私を入れて4人であった。ところが後で送付していただいた「昭和60年度懸賞募集の論文・写真入選集」の冊子[41]を見て驚きかつ恐れ入った。

それは最優秀入選と5人の入選論文の各全文が掲載されているのは当然ながら，それに加えて，各審査委員の応募作品選出に際しての意見が論評として一人1頁分ずつ登載されていた。ところがこの論評に，選外佳作で論外となっていると思われる私の論文についての記事が，かなりの紙面を割いて讃辞として記載されていたことである。表11はそれをまとめたものである。

これらの評を読むと，委員の各個人が上下関係や義理にしばられることなく，まったく自由なお立場から選考されたことがよくわかる。しかも，忌憚のないご意見までも拝見することができた。選外とはなったけれども，身にあまるご讃辞は何物にも替えがたく思われた。

入選結果は多数決によって決まったものと思われ，その結果はそれでよいと思う。審査委員の方々のさまざまな意見からは，採否を巡る判定会議のようすも彷彿できた。また，普通の考えをもつ人の中には，私の論文が目指す「横紙破り」ともいわれそうな内容に興味を示される方が，必ずや幾人かはおられることも確認できた。実現性の有無は別として，入選作からはずれている私の作品に半数もの方が興味を示され，その評価を文字で記述してくださったことはたいへんに光栄であり，感謝している。通常の場合は，選考委員の個々のご意見などを聞かせてもらえる機会などほとんどなく，代表の委員長による入選順位や全般的な作品の傾向などの講評だけで終了となるのであるが，それらを印刷物にまでしてくださった（財）

表11 懸賞 *1 に応募した私の投稿論文に対する評
(昭和60年度 論文・写真入選集より抜粋)

審査委員 氏　名 (所属)	選出後の評で，選外佳作の私の論文に対する論評		
	評価	好評の言葉 ("!!"印は酷評)	批評全文26行に占める好評行数(%)
I 氏	―	特になし	0
U 氏	×	!! 現実的に実現不可能な立体交差を取り上げてもはじまらない	7.6 (反対論)
K 氏	―	特になし	0
Ka 氏	―	特になし	0
小林 郁夫 氏 (財) 日本自動車 整備振興会連合会 専務理事	◎	その中で原氏の論文は非常に具体的な提案であって，研究のあとがみとめられました。実現はむずかしいという専門家の参考意見によって入選できず佳作にとどまりましたが，私は高く評価します。	11.5
桜井 淑雄 氏 (財) 日本自動車 会議所常務理事	◎	印象的であったのは原周作氏の反転跨道橋を導入した人車の完全立体化を計るという提案で，入選選に価する労作と思料されたが道路専門家によると実施上問題が多いとの見解もあり佳作になったのは残念である。	15.3
重田 次郎 氏 (社) 日本自動車 販売協会連合会常 務理事	◎	大きく評価が分かれたのは「反転跨道橋導入による完全な立体交差化」についてである。原さんの論文は，大都市幹線道における渋滞解消策としての具体的な提言であり，私は大変な労作としてここ迄纏められたご苦労を含め，評価した作品であった。然し審査では，経済性，安全性の面から多くの問題点を有しているとの疑問が出され，結局入選を逸してしまった。	19.2
隅田　豊 氏 軽自動車検査協会 理事長	○	交差点の処理の方法として「反転跨道橋」という構想をのべた原氏の論文はかなりの労作であり，内容もよい。審査員の意見も両極端にわかれたといってもよい。私は総合的視野にたって考えると疑問ありとせざるを得ないと考えている。なお，交差点の右折処理の一方法として同じようなアイデアにふれたことは他にもあった。	19.2
辻村 十三郎 氏 (財) 自動車検査 登録協力会専務理 事	○	専門的に研究された行政庁をはじめ専門家の著書等を参考としながらも，それにこだわらず，論者のオリジナルな発想に基づいて論旨が展開されているものである作品として，いずれも佳作となったが，原氏の「反転跨道橋を導入した人車の完全な立体交差化」と，小林氏の「信号機のME(知能)化」については，現実面で問題は残るが，新鮮な発想は高く評価した。	30.0
N 氏	―	特になし (応募者は300人を超えると)	0
M 氏	―	特になし	0
T 氏	△	今回，最優秀入選作として選ばれたのは，内容的，文章的に模範生的回答をした作品が選ばれたが，新味に乏しいだけに，他のアイデア溢れた力作に対して気の毒な感を持たざるを得ない。	0 (全般論)

*1　(財) 自動車検査登録協力会による募集。　論題「交通の流れをどう確保するか」

自動車検査登録協力会のご配慮に感謝と賞賛の意を表したい。

　本書で行ったような提案は，これまで真剣に考え討議する対象として，道路工学等においてとり上げられたことはなかった。このことは，近代都市の計画における盲点ではないだろうか。

　人間は問題を提起されさえすれば，そのことを真剣に考えるものであり，社会に対する有用なものであれば討論をくり返して，必ずやなんらかの回答を得ることができる。しかし，もともとからそこに存在しつづけているものに対しては，疑問や矛盾を感じなければ，それに目を向けることは難しい。我々の目の前にある平面交差がまさにこれである。19世紀的遺物であって，交通事故や渋滞などの大きな社会問題を起こしているのにもかかわらず，"警鐘" が鳴らされないと誰も手を付けようとしないのである。

　序文にも述べたように，本稿はまさにそれを根底から問い直す "警鐘" である。そして，この警鐘を聞いてなんらかの方策を考えようとするのであれば，普通の常識をお持ちの方々であるが，本書を閉じて警鐘を「聞かなかった」ことにするような方々には，21世紀を託すことはできないと考える。

　第1章で示した反転跨道橋が，今までに実用化されたことのない "変てこな" 姿の橋であることは間違いないが，これを使用することによって世界中の都市交通の問題をかなりの程度まで軽減させ得る効果は十分にあると考える。そこで問題は，こんな橋が果たして実際につくることができるか否かということになるが，日本の工業力をもってすればこんな規模と形状の橋の築造などは，むしろ容易な方の部類に属するのではないかと考えられる。

　わが国の鉄鋼工業は世界のトップクラスである。鉄鋼を原料とする造船業や長大橋梁の建設業も世界屈指の能力と実績をもってい

る。それゆえ、平地の幹線街路の6車線となる車線部分で、車道の全幅がたかだか30m余の街路に、中央分離帯にも柱脚を立てて支える反転跨道橋をつくれないはずはないと思う。ただし、その実用的な設計図はまだ世界のどこにもない。しかし前述したように、このU字形となる橋は、本書を読まれた多くの人々が「これはいける」ということになれば、その需要は瞬く間に全国的なものとなり、すぐにでも何百何千もの膨大な数量が生産され供給されることとなる。そうなれば、その品種数は3～5種程度の少数ですむから、製造するための設備投資は割安となり、築造価格も低く抑えることができ、普及に大いに弾みがつくこととなるだろう。

そしてその結果として、全国的に同時多発的に鉄鋼工業や建設業関連の雇用が促進される。そうなれば外国からわが国に対して突き付けられている「内需拡大要請」にも対応できるばかりか、車の交通にとってもその向上は巡りめぐって景気に活況をもたらし、ひいては世界経済にも好影響をもたらすことは間違いない。

なにしろ世界中で、中世から進化に取り残されたままの数知れない多くの主要平面交差が見直され、一気に完全な立体交差へと進展する契機が訪れるのである。そして、今まで途切れ途切れにしか走行できなかった多くのハイテクカーが、俄然その持てる力を発揮して街中を流れるように進んでいくようになるのである。まさに21世紀の車社会を象徴する姿といえるのではあるまいか。幹線街路の人身事故は、車専用の高速道路並みに減少することだろうし、どの車も、安全でかつ高速で走行ができることとなる幹線街路へと集中してそこへ吸収されていくと、裏通りの交通も大いに緩和されて事故も減退し、国全体として安全で効率的な真の車大国が実現する。

第2章は、第1章の内容の研究過程で生まれてきたものである。

車交通がいかに効率良くさばかれるようになったとしても、歩行者が置き去りにされた改良では、真の道路改革とはいいがたい。交差点の改良によって、車の完全な立体交差を果たすならば、同時に歩行者交通にも完全な立体交差化がもたらされる必要がある。第1章の中段と第2章の前半までに、そのことが実現可能であることを詳細に説いたが、ここまでくると歩行者交通というものを人間社会における重要な都市交通の一環として見直し、しっかりした対策を講ずる必要がある。

　それはまさに都市構成の再編成であり、歩行者交通の復権による都市構造の改革ともいえるものであるが、本稿の原形は「街路の立体化による都市構成の再編成」と題する論文[42]として、すでに25年も前に日本都市学会年報に登載していただいた。ところが最近、身障者への配慮に目が向けられバリア・フリー法が制定される情勢となって、バリア・フリーを支える工学技術も大いなる躍進をとげた。

　車椅子はいま、多種多様な製品開発のラッシュを迎えており、その開発目標の整理が必要である。すなわち、身障者が車椅子を使って自力で移動できるという最低限の要望が果たされると、次の達成目標は高低差の克服であろう。いまこそが、その問題を解決するために皆で知恵を絞るときであると考える。

　第3章は鉄道の交通問題であり、前章までの道路交通とは対象が異なる。しかし、いずれも通路を通る自動車や車両などの交通機械の方ではなく、それらの交通機械が通行する通路環境を対象とした議論であるという点では共通である。

　レールで誘導される鉄道では、そのレールを敷く配線の如何が、問題の根幹的な鍵を握っている。——このことに気が付いて、線路以前のこの問題について論究した図書を探したが、なかなか見つけ

ることはできなかった。

　本来私は鉄道とは縁もゆかりもなかったが、ふと気付いた効果的な鉄道のあり方について、鉄道の専門機関である日本鉄道技術協会に論文を投稿したところ、「JREA誌」に快く掲載していただけた。素人の初投稿であるにもかかわらず「3線高架による通勤鉄道の近代化」の論文[43]は、光栄にもその年の掲載論文賞で佳作とされた。3線高架はその後「2層高架による複々線化」へと発展したことは前述したとおりであるが、これも「JREA誌」に掲載し、専門技術の一端として全国的に紹介していただけた。このことに対して深く感謝します。また、日本都市学会が、発表と学会誌への掲載もしてくださったことは先に述べたとおりである。発表者の身分や経歴や所属に関係なく、あくまで提案内容の「質」について評価された姿勢に対して重ねて敬意を表します。

　なお、この用地買収することなく高架の3線化を可能とするアイデアについては、昭和40年(1965)に特許出願を行っている。このとき、特許庁から原形の3線化について拒絶査定があった。その理由は、3線化などは当業者であれば誰でも気付いて部分的に設計変更などすることがあるから、格別な発明力が認められず、「公知」であるということであった。そしてその具体例として、「鉄道土木」誌に掲載された中央線の中野～三鷹間の増設高架化工事などの詳細、さらに当時の日本国有鉄道総裁名による総裁室法務課長からの異議申立書に添付された「交通技術」誌掲載の中央線の増線工事、「鉄道土木」誌連載の「鉄道配線講座(3)」および大阪西成線高架化工事の紹介などにおける部分施工が示されていた。

　このような局部的な改良は3線鉄道としての機能を備えたものではなく承伏しがたい。そこで、特許異議答弁書による反論など、不退転の姿勢で激しい特許確保戦を行ったのであるが、カーボン複写紙でコピーを取りながらの文書作成(当時はまだ手書き文書が認め

られていた)など,とにかく大変な苦労であった。そして結局——複線鉄道の敷地を拡張することなく,部分的ではなく全線にわたりシステムとして高架の3線化を果たすことができる,というところを強調することによって——最終的に特許が成立した。

この特許確保戦の過程において,この考えを発展させれば,用地の新規取得なしに高架の複々線の実現も可能であることに気付いた。そこで「2層高架の4線式の高速鉄道」として昭和56年(1981)に特許を出願することにした。しかし,それまでに専門誌である「JREA誌」には私の高架3線式鉄道の論文が掲載され,また特許公報にも掲載されているわけであるから,2層高架化を実現するヒントはすでに公表されたも同様である。したがって,その3線化の研究成果を踏み台にして,先手をとって特許出願をした専門家などがいても不思議ではない。出願にあたっては,そのような不安もあったが,しかし地上複線の両外側に接してまず複線を高架線として立ち上げる方法は,あくまで自分が最初の考案者であり,その間の事情には一応は精通していることでもある。——その考えが新規であると気が付いたときこそが勝負のときであるからと考え,一か八かを賭けて,自分で製図をして願書を書いたのである。

ところが出願後は意外にスムーズにことが運んだ。拒絶通知などはあったものの,3線化の出願で苦闘した経験を活かし,願書に主張すべき問題点をうまく書きそろえることができたこともあって,平成元年(1986)には特許査定があり,その翌年には特許が確定した。けれどもその後,これらの特許権の保持は経済的困難となり,10年ほど経過した時点で放棄し,現在は誰でも自由に活用できる状態となっている。

特許権が成立する要件は新規性と進歩性であるから,権利が成立したことで,私のアイデアは新規であり,また社会に役立つ進んだ技術であること(進歩性)が認められたことになる。しかし,鉄道

という公共性の高い社会資本にかかわる問題は，その有用性や必要性などが広く国民に認識されて，その採否は世論とならなければならない。私の考えは，鉄道の専門家の一部には「JREA誌」の論文を通じて知られているかもしれないが，一般社会の常識として定着させる努力は不十分であった。そのためにも，この地平面を走行する複線鉄道を2層高架で一気に複々線とするこができる手法については，誰もが理解しやすい平易な出版物としてこのように広く世に残さねばならないと思うようになった。

第4章の地下鉄問題は，鉄道技術としては最新のテクノロジーとかかわってくる。しかしここでも路線に着目すると，現状はトンネルにただレールを敷いただけであり，地下空間という上下左右にどうにでも利用できるという可能性は十分に活かされていない。すなわち，現在の地下鉄は，地上の鉄道で常用されている左右並走の姿をそのまま地下に持ち込んだものであり，車両も地上規格がそのまま流用されている。本稿はこの点についての問題点を指摘したものであり，素人の目にはかえってそういう矛盾点が見えやすいのである。この問題についても専門図書に解決案を探したが，どこにも見当たらなかった。

地下鉄道の建設に用いるシールドトンネルは，その構成や工事設備，推進状況などが一般の人の目に触れることはほとんどない。そこで筆者の知り得た範囲内で，シールド工法に関する予備知識を整理したみた。また併せて，シールド工法の発祥の経緯と効用，施工の困難さに関するエピソードなども紹介した。

第4章の研究を通じて気付いたことは，大都市の地下鉄道は最終的には航空交通と密接に結び付き，重要な役割を果たすことになることである。外国への出入が外国航路の客船から旅客機による航空路へと大転換したことは，地下鉄が発達した後，ごく最近に起こっ

たことである。海外旅行は，政府の高官や会社の重役といった少数の人たちだけのものでなく，今では庶民の新婚旅行から観光旅行に至るまで，一般大衆が広く利用するようになっている。そのための航空旅客の輸送量は格段に増大している。このような時代の到来は，地下鉄を含めた都市鉄道の交通体系に，この大変革に対応する相応の変革を求めており，主要な大都市の高速鉄道は複数の都心間や，空港を起終点とする特急や急行列車を頻繁に走行させ得る複々線方式の地下鉄道幹線を必要とするようになっている。

　今やこのことを主題に据えて真剣に検討する時期にさしかかっているのではないか。

参考文献

[1] 吉本 彰, "立体交差", 道路工学 幾何構造編 (改訂初版), p.180, 1971, 学献社
[2] "交通渋滞と事故統計", 交通年鑑 平成元〜12年版, 警視庁・東京交通安全協会
[3] 東京23区市街道路地図帳 2001年版, 東京地図出版
[4] 新渋滞対策冊子 "第1章 渋滞ってなんだろう", 建設省近畿地方建設局
[5] 交通白書 平成12年交通事故統計, 大阪府警本部・大阪府交通安全協会, 2000年版
[6] OSAKA 交通安全情報マップの大阪市域拡大図 2001年版, 大阪府交通安全協会
[7] 広域京阪神道路地図, 昭文社エリアマップ 2000年版
[8] 日本道路協会, 道路構造令の解説と運用, 1983, 丸善
[9] 橋本 裕蔵, 道路交通法の解説 (九訂版), 2001, 一橋出版
[10] 伊原 一夫, 鉄道車両メカニズム図鑑, 1987, グランプリ出版
[11] 鈴木 敏雄, "日野橋交差点", 交差点の交通運用, 1988, 大成出版
[12] 世界の国別自動車保有台数, 各国自動車工業会資料, 交通年鑑 平成12年 (2000) 版, 警視庁・東京交通安全協会
[13] 安村敏信・岩崎均史, 広重と歩こう東海道五十三次, 2000, 小学館
[14] 日比野 正己, 交通バリア・フリー百科, 2002, TBS ブリタニカ
[15] 運輸省・建設省・警察庁・自治省監修, 交通バリアフリー政策研究会 編著, わかりやすい交通バリアフリー法の解説, 2000, 大成出版社
[16] 神保 憲二, 人にやさしい駅設備, JREA 誌 Vol.37, 1994, 日本鉄道技術協会
[17] 大手民鉄最混雑区間の混雑率低下推移, 15社の大手民鉄の素顔 2001年版, 日本民営鉄道協会
[18] 原 周作, "関西新空港線として阪和線の2層高架化と新大阪駅への直結", JREA 誌 Vol.24, 1981, 日本鉄道技術協会
[19] 原 周作, "阪和線の二層高架による関西新空港への新幹線の乗入れ", 日本都市学会年報 Vol.18 (「都市と高速交通」特集), 1985, 日本都市学会
[20] 天野光三・前田泰敬・三輪利英, 地下鉄の計画と設計, 図説 鉄道工

学，2001，丸善

[21] Benson Bobrick, 日高 敏・田村 咲智 訳，世界地下鉄物語，1994，晶文社

[22] 伊藤博保，砂礫層における大口径土圧 (気泡) シールドの施工実績，JREA 誌 Vol.37, No.2, 1994, 日本鉄道技術協会

[23] 坂田 龍松，"半蔵門線発車に 15 年半の「待った」が"，暮らしをかえる大深度地下の空間利用，1989，にっかん書房発行・日刊工業新聞社発売

[24] "伊丹 ジャンボ制限，国土交通省，騒音軽減へ提案方針 (伊丹空港縮小案)"，朝日新聞 2002-10-25 および 10-26

[25] 片桐敏夫監修，日本航空広報部編，航空実用事典 (改訂新版)，旅客機諸元・性能表と序文の「はじめに」など，1998，朝日ソノラマ

[26] "関空の内外との競争，航続距離伸び「国際拠点化」優位低下"，朝日新聞 2002-2-14 夕刊

[27] "アジアの巨大空港 今度は韓国に，拠点争い「仁川」も参入して安い着陸料，関空に脅威"，朝日新聞 2001-2-28 朝刊

[28] "「梅田に水と緑」北ヤード開発コンペの 3 作に優秀賞"，朝日新聞 2003-4-1 朝刊

[29] 川島 令三，全国鉄道事情大研究 (大阪南部・和歌山編)，1993，草思社

[30] "「京阪中之島新線」「阪神西大阪延伸」が都市計画審議会の諮問通りに答申が決定し，これら 2 新線は着工される見通しになる"，朝日新聞 2002-12-9 夕刊および 12-20 夕刊

[31] 航空機のおはなし，アルバードかん太のイラスト解説，1994，実教出版

[32] Hara, S., "System of Grade Separation and also Underroad Parking," US Patent No.3, 386, 351, 1968

[33] 原 周作，"街路の立体交差装置"，特許公報昭 48-5290 (特許期限満了)，1973

[34] 同 "変型十字路の立体交差装置"，公開特許公報 昭 53-133941

[35] 同 "T 字状街路の立体交差装置"，公開特許公報 昭 53-133942

[36] 同 "多枝交差街路の立体交差装置"，公開特許公報 昭 53-133943

[37] 口頭発表の拒絶 (電話回答)，"反転跨道橋の補佐で街路の完全な立体交差化について"，1973，日本都市計画学会

- [38] 原 周作, "反転機構を導入した街路の新しい構成", 第 3 回交通工学研究発表会論文集, pp.35～38, 1976
- [39] 査読で論文登載拒否の通知書, "幹線街路の近代化は, 完全な立体交差を果すことで成り立つ", 平成 11 年 6 月 17 日 (1999), 交通工学研究会委員長 岡村秀樹
- [40] 原 周作, "幹線街路交差部の立体化による都市近代化への促進", 「都市の再生」, 日本都市学会年報 Vol.20, 1987
- [41] 昭和 60 年度懸賞募集の論文・写真入選集, 自動車検査登録協力会, 1986
- [42] 原 周作, "街路の立体化による都市構成の再編成", 「都市の国際性」日本都市学会年報 Vol.11, 1977
- [43] 原 周作, "3 線高架による通勤鉄道の近代化", JREA 誌 Vol.20, No.6, 1977, 日本鉄道技術協会
- [44] 池原 英治, "地下鉄道", 科学文明の驚異より, 1931, 新光社

著者略歴

原　　周作 (はら しゅうさく)

1926 (大正 15) 年　大阪市に生まれる
1953 (昭和 28) 年　大阪府立大学農学部卒業
　　　　　　　　　造園学専攻 (都市計画)
1954 (昭和 29) 年　大阪府農林技術センター勤務 (研究職)
　　　　　　　　　定年退職 (1985 年春)
1985 (昭和 60) 年　技術士 (施設園芸コンサルタント) 業
　　　　　　　　　務開始　現在に至る
　　　　　　　　　(社) 日本鉄道技術協会 (JREA) 会員

都市交通の躍進を考える
──2 層立体化の秘策──

定価はカバーに表示してあります

2003 年 7 月 25 日　1 版 1 刷　発行　　　　ISBN 4-7655-1653-9　C3051

著　者　原　　　周　作
発行者　長　　　祥　隆
発行所　技報堂出版株式会社
〒102-0075 東京都千代田区三番町 8-7
(第 25 興和ビル)

日本書籍出版協会会員
自然科学書協会会員
工学書協会会員
土木・建築書協会会員

電　話　営業　(03) (5215) 3165
　　　　編集　(03) (5215) 3161
Ｆ Ａ Ｘ　　　(03) (5215) 3233
振 替 口 座　　00140-4-10
http://www.gihodoshuppan.co.jp

Printed in Japan

© Syusaku Hara, 2003　　　　装幀　海保 透　　印刷・製本　日経印刷

落丁・乱丁はお取り替えいたします．
本書の無断複写は，著作権法上での例外を除き，禁じられています．

●小社刊行図書のご案内●

書名	副題	著編者	判型・頁数
都市の交通を考える	より豊かなまちをめざして	天野光三・中川大編	四六・224頁
環境を考えたクルマ社会	欧米の交通需要マネージメントの試み	交通と環境を考える会編	B6・210頁
それは足からはじまった	モビリティの科学	東京大学交通ラボ著	A5・432頁
東京の交通問題		東京大学工学部交通工学研究共同体編	B6・226頁
都市の公共交通	よりよい都市動脈をつくる	天野光三編	A5・360頁
歩行者の道① **マイナスのデザイン**		津田美知子著	A5・224頁
歩行者の道② **通行帯のデザイン**		津田美知子著	A5・258頁
道のバリアフリー		鈴木敏著	A5・190頁
これからの歩道橋	付・人にやさしい歩道橋計画設計指針	日本鋼構造協会編	B5・226頁
駅前広場計画指針	新しい駅前広場計画の考え方	建設省都市局都市交通調査室監修	B5・136頁
都市交通計画（第2版）		新谷洋二編著	A5・274頁
21世紀ヨーロッパ **国土づくりへの選択**	シナリオで描く交通・情報体系の将来像	中村英夫監訳	A5・266頁

●はなしシリーズ

都市交通のはなしⅠ・Ⅱ	天野光三編著	B6・各192・198頁
道のはなしⅠ・Ⅱ	武部健一著	B6・各260頁

技報堂出版　TEL 編集03(5215)3161 営業03(5215)3165　FAX 03(5215)3233